高 等 学 校 教 材

材料合成与制备实验

孙建之 董 岩 王敦青 主编

化学工业出版社

·北京·

本教材主要包括实验方案设计及数据处理、材料的合成与制备方法及创新性选做实验等内容。材料的合成与制备方法分为：溶胶-凝胶法、水热和溶剂热法、电解合成法、定向凝固法、化学气相沉积法、低温固相合成法、热压烧结法、自蔓延高温合成法、放电等离子体烧结法、光化学合成实验、微乳液法、沉淀法、化学还原法13种。每个实验项目中都有背景知识介绍，力求使学生在完成实验的同时，对相应的材料有一个较为全面、系统的认识。

本书可作为材料、化学、应用化学等专业的教材，亦可供相关人员参考。

图书在版编目（CIP）数据

材料合成与制备实验/孙建之，董岩，王敦青主编.北京：化学工业出版社，2013.7（2023.8重印）
高等学校教材
ISBN 978-7-122-17723-0

Ⅰ.①材… Ⅱ.①孙…②董…③王… Ⅲ.①材料-合成-实验-高等学校-教材②材料-制备-实验-高等学校-教材 Ⅳ.①TB3

中国版本图书馆CIP数据核字（2013）第138035号

责任编辑：宋林青　　文字编辑：陈　雨
责任校对：边　涛　　装帧设计：史利平

出版发行：化学工业出版社（北京市东城区青年湖南街13号　邮政编码100011）
印　　装：北京虎彩文化传播有限公司
787mm×1092mm　1/16　印张12　字数292千字　2023年8月北京第1版第6次印刷

购书咨询：010-64518888　　售后服务：010-64518899
网　　址：http://www.cip.com.cn
凡购买本书，如有缺损质量问题，本社销售中心负责调换。

定　　价：30.00元

前　言

《材料合成与制备实验》是根据材料化学专业的培养目标，遵循材料科学与工程教学指导委员会“高等学校材料化学专业规范”的要求编写而成的。本教材针对目前21世纪新材料的发展趋势，总结和概括了几种目前热点形态材料和高新材料的常用合成和制备方法。通过本课程的学习，能够使学生对目前几种常见新材料制备方法的发展概况、制备原理、操作设备以及工艺流程等有一定的了解和掌握；通过理论课与实验课的结合，学生能够熟悉几种常见形态新材料的制备工艺流程和工艺方法控制手段，力求在实验中接触一些新的测试技术和手段，以便能适应不断发展的科学技术，服务于创新性应用型人才培养。

本教材主要包括实验方案设计及数据处理、材料的合成与制备方法及创新性选做实验等内容。材料的合成与制备方法分为：溶胶-凝胶法、水热和溶剂热法、电解合成法、定向凝固法、化学气相沉积法、低温固相合成法、热压烧结法、自蔓延高温合成法、放电等离子体烧结法、光化学合成实验、微乳液法、沉淀法、化学还原法13种。每个实验项目中都有背景知识介绍，力求使学生在完成实验的同时，对相应的材料有一个较为全面、系统的认识。

本书由德州学院化学化工学院材料化学系孙建之、董岩、王敦青、杨敏编写。全书由孙建之、董岩、王敦青三位主编进行增删、修改，最后由孙建之主编统稿定稿。

教材主编孙建之是山东省精品课程负责人，德州学院教学骨干，材料化学实验中心负责人；董岩是山东省精品课程负责人，德州学院教学名师，材料化学重点专业建设负责人。本教材是编委会总结近几年来主持研究应用型本科院校“十一五”国家级课题（No：FIB070335-A4-03）；山东省教育科学“十二五”规划教研课题（No：2011JG439，No：2011GG127）的基础上，针对地方本科院校材料化学专业的教学特点，从应用型人才的培养出发，以培养学生专业技能为主线编写而成的。

编者根据材料合成与制备实验教学的实际经验，参阅国内外相关教材及文献资料，编写了此教材，在此对相关兄弟院校的同行、专家表示诚挚的谢意。

本书在编写过程中，得到了山东省精品课程、德州学院教材建设基金项目的资助，并得到了化学工业出版社的支持与帮助，在此深表衷心的感谢。

由于材料合成与制备涉及的知识面非常广，编者力图建立以“基本概念——基本方法——工艺技术——仪器设备”为主干，合理渗透材料表征及性能的课程体系，但由于编者水平所限，难免存在一些不当之处，敬请读者批评指正。

编者

2013年6月于德州学院（山东德州）

目　录

第1章 实验方案设计概述

实验设计方法在大学讲授得较少，但在实际工作和科研中却发挥着极大的作用。自从英国学者费希尔使用实验设计方法以来，实验设计已经得到广泛的发展与完善，实验设计也在众多的领域有着不可替代的作用，已成为理工农医各个领域各类实验的通用技术。

理工农医专业的学生经常要做实验，在很多的情况下，要想把实验做好仅靠专业知识是不够的，还需要事先设计实验、分析实验数据。实验设计课程就是解决这个问题的。本章简要介绍实验设计的一些基本内容以及相关概念。

1.1 实验设计的定义

在进行具体的实验之前，要对实验的相关影响因素和环节做出全面的研究和安排，从而制定出行之有效的实验方案。实验设计（design of experiments，DOE），就是对实验进行科学合理的安排，以达到最好的实验效果。实验设计是实验过程的依据，是实验数据处理的前提，也是提高科研成果质量的一个重要保证。一个科学而完善的实验设计，能够合理地安排各种实验因素，严格地控制实验误差，并且能够有效地分析实验数据，从而用较少的人力、物力和时间，最大限度地获得丰富而可靠的资料。反之，如果实验设计存在缺点，就必然造成浪费，减损研究结果的价值。

1.2 实验设计的类型

根据实验设计内容的不同，可分为专业设计与统计设计。实验的统计设计使得实验数据具有良好的统计性质（例如随机性、正交性、均匀性等），由此可以对实验数据做所需要的统计分析。实验的设计和实验结果的统计分析是密切相关的，只有按照科学的统计设计方法得到的实验数据才能进行科学的统计分析，得到客观有效的分析结论。反之，一大堆不符合统计学原理的数据可能是毫无作用的，统计学家也会对它束手无策。因此对实验工作者而言，关键是用科学的方法设计好实验，获得符合统计学原理的科学有效的数据。至于对实验结果的统计分析，很多方法都可以借助统计软件由实验人员自己完成，必要时还可以请统计专业人员帮助完成。本书重点讲述实验的统计设计。

根据不同的实验目的，实验设计可以划分为五种类型。

1.2.1 演示实验

实验目的是演示一种科学现象，中小学各种物理、化学、生物课所做的实验都是这种类型的实验。只要按照正确的实验条件和实验程序操作，实验结果就必然是事先预定的结果。对演示实验的设计主要是专业设计，其目的是为了使实验的操作更简便易行，实验结果更直观清晰。

1.2.2 验证实验

实验目的是验证一种科学推断的正确性，可以作为其他实验方法的补充实验。本书中讲述的很多实验设计方法都是对实验数据做统计分析，通过统计方法推断出最优实验条件，然后对这些推断出来的最优实验条件做补充验证实验给予验证。验证实验也可以是对已提出的科学现象的重复验证，检验已有实验结果的正确性。

1.2.3 比较实验

比较实验（comparative experiments）的实验目的是检验一种或几种处理的效果，例如对生产工艺改进效果的检验，对一种新药物疗效的检验，其实验的设计需要结合专业设计和统计设计两方面的知识，对实验结果的数据分析属于统计学中的假设检验问题。

1.2.4 优化实验

优化实验（optimization experiments）的实验目的是高效率地找出实验问题的最优实验条件，这种优化实验是一项尝试性的工作，有可能获得成功，也有可能不成功，所以常把优化实验称为试验（test），以优化为目的的实验设计则称为优化实验设计。例如目前流行的正交设计和均匀设计的全称分别是正交实验设计和均匀实验设计。

优化实验是一个十分广阔的领域，几乎无处不在。在科研、开发和生产中，可以达到提高质量、增加产量、降低成本以及保护环境的目的。随着科学技术的迅猛发展，市场竞争的日益激烈，优化实验将会越发显示出其巨大的威力。优化实验的内容十分丰富，单因素优化实验和多因素优化实验是其主要内容。

1.2.5 探索实验

对未知事物的探索性科学研究实验称为探索实验，具体来说包括探究对象的未知性质，了解它具有怎样的组成，有哪些属性和特征以及与其对象或现象的联系等实验。目前，高校和中小学都会安排一些探索性实验课，培养学生像科学家一样思考问题和解决问题，包括实验的选题、实验条件的确定、实验的设计、实验数据的记录以及实验结果的分析等。

探索实验在工程技术中属于开发设计，其设计工作既需要依靠专业技术知识，也需要结合使用比较实验和优化实验的方法。在这些实验中使用优化设计技术可以大幅度地减少实验次数。

1.3 实验设计的要素与原则

一个完善的实验设计方案应该考虑到如下问题：人力、物力和时间满足要求；重要的观测因素和实验指标没有遗漏，并做了合理安排；重要的非实验因素都得到了有效的控制；实验中可能出现的各种意外情况都已考虑在内并有相应的对策；对实验的操作方法、实验数据的收集、整理、分析方式都已确定了科学合理的方法。从设计的统计要求来看，一个完善的实验设计方案应该符合三要素与四原则。在讲述实验设计的要素与原则之前，首先介绍实验设计的几个基本概念。

1.4 实验设计的基本概念

实验因素（factor）简称为因素或因子，是实验的设计者希望考察的实验条件。因素的具体取值称为水平（level）。

按照因素的给定水平对实验对象所做的操作称为处理（treatment）。接受处理的实验对象称为实验单元。

衡量实验结果好坏程度的指标称为实验指标，也称为响应变量（response variable）。

从专业设计的角度看，实验设计的三个要素就是实验因素、实验单元和实验效应，其中实验效应可用实验指标反映。在前面已经介绍了这几个概念，下面再对有关问题做进一步的介绍。

1.4.1　实验因素

实验设计的一项重要工作就是确定可能影响实验指标的实验因素，并根据专业知识初步确定因素水平的范围。若在整个实验过程中影响实验指标的因素很多，就必须结合专业知识，对众多的因素做全面分析，区分哪些是重要的实验因素，哪些是非重要的实验因素，以便选用合适的实验设计方法妥善安排这些因素。因素水平选取得过于密集，实验次数就会增多，许多相邻的水平对结果的影响十分接近，将会浪费人力、物力和时间，降低实验的效率；反之，因素水平选取得过于稀少，因素的不同水平对实验指标的影响规律就不能真实地反映出来，就不能得到有用的结论。在缺乏经验的前提下，可以先做筛选实验，选取较为合适的因素和水平数目。

实验的因素应该尽量选择为数量因素，少用或不用品质因素。数量因素就是对其水平值能够用数值大小精确衡量的因素，例如温度、容积等；品质因素水平的取值是定性的，如药物的种类、设备的型号等。数量因素有利于对实验结果做深入的统计分析，例如回归分析等。

在确定实验因素和因素水平时要注意实验的安全性，某些因素水平组合的处理可能会损坏实验设备（例如高温、高压）、产生有害物质、甚至发生爆炸。这需要参加实验设计的专业人员能够事先预见，排除这种危险性，处理或者做好预防工作。

1.4.2　实验单元

接受实验处理的对象或产品就是实验单元。在工程实验中，实验对象是材料和产品，只需要根据专业知识和统计学原理选用实验对象。在医学和生物实验中，实验单元也称为受试对象，选择受试对象不仅要依照统计学原理，还要考虑到生理和伦理等问题。仅从统计学的角度看需要考虑以下问题：

① 在选择动物为受试对象时，要考虑动物的种属品系、窝别、性别、年龄、体重、健康状况等差异。

② 在以人作为受试对象时，除了考虑人的种族、性别、年龄状况等一般条件外，还要考虑一些社会背景，包括职业、爱好、生活习惯、居住条件、经济状况、家庭条件和心理状况等。

这些差异都会对实验结果产生影响，而区组设计会降低其影响程度。

1.4.3　实验效应

实验效应是反映实验处理效果的标志，它通过具体的实验指标来体现。与对实验因素的要求一样，要尽量选用数量的实验指标，不用定性的实验指标。另外，要尽可能选用客观性强的指标，少用主观指标。

1.5　实验设计的四原则

随机、重复、对照和均衡是实验设计的 4 个基本原则。

1.5.1 随机化原则

所谓随机化原则就是在抽样或分组时，必须做到使总体中任何一个个体都有同等的机会被抽取进入样本，以及样本中任何一个个体都有同等机会被分配到任何一组中去。在受试对象的选取和分组时必须严格按这一原则实施。实现随机化的方法有多种，如抽签、查随机数字表或随机排列表、利用计算机产生的伪随机数。通过随机化，降低系统误差的影响。

1.5.2 重复的原则

由于个体差异等影响因素的存在，同一种处理对不同的受试对象所产生的效果不尽相同，其具体指标的取值必然有高低之分，只有在大量重复实验的条件下，该处理的真实效应才会比较确定地显露出来。因此，在实验研究中，必须坚持重复的原则。

“重复”一词在实验研究中至少有以下 3 层含义。

其一，对某样品进行观测时，为了减小方法和操作等带来的误差，将每一个样品分成 k 份，测出各份样品单位容积中某指标的观测值，用它们的算术均数作为每份样品单位容积中该指标的直接观测值。

其二，在相同的实验条件下，独立重复地观测 m 个样品（或受试对象），这就是人们通常所指的“重复实验”，其目的是为了降低以个体差异为主的各种实验误差。

其三，在部分或全部实验条件有规律的变动时，从同一个样品（或受试对象）上重复测量到 k 个数值，称为具有重复测量的实验或设计。这种重复最有利于排除个体差异对观测结果的影响。整个实验过程中实验次数的总和称为样本含量或样本大小，样本含量 n 过大（有时人力不够，工作粗枝大叶，资料可靠度低）或过小（统计规律无法显露出来）都有弊病，最好针对具体情况，根据专业和统计学知识做出合理的估计。

1.5.3 对照的原则

进行实验研究，必须设立对照组。因为有比较才有鉴别，缺少对照的研究是没有说服力的。通过对照来鉴别处理因素与非处理因素之间的差异，抵消或减小实验误差。

1.5.4 均衡的原则

所谓均衡，就是使对照组与实验组中的非处理因素尽量达到均衡一致，使处理因素的实验效应能更真实地反映出来。

第2章　实验数据的处理

2.1　实验数据测量值及其误差

2.1.1　真值、近似真值（平均值）和相对真值

真值又叫理论值或定义值。通常真值是无法测得的。若在实验中，测量的次数为无限多时，则依据误差分布定律，正负误差出现的概率相等，故将各个测量值相加，并加以平均，在无系统误差的情况下，可能获得近似于真值的数值，故真值是指观测次数无限多时，求得的平均值。然而平时我们观测的次数是有限的，故用有限观测次数求出的平均值，只能是近似真值。我们称这一平均值为最佳值。在有些部门常使用高精度级标准仪器，所测之值代替真值，称相对真值。

常用的平均值有：算术平均值、均方根平均值、几何平均值。

(1) 算术平均值

算术平均值是一种最常用的平均值。现设观测值的分布为正态分布，用最小二乘法原理可以证明，在一组等精密度测量中，算术平均值为最佳值或最可信赖值（证明其后）。

设测量值为 x_1，x_2，x_3，…，x_n，n 表示测量次数，则算术平均值为

$$\bar{x}=\frac{x_1+x_2+\cdots+x_n}{n}=\frac{\sum_{i=1}^{n}x_i}{n} \tag{2-1}$$

(2) 均方根平均值

均方根平均值为

$$\bar{x}_{\mathrm{r}}=\sqrt{\frac{x_1^2+x_2^2+\cdots+x_n^2}{n}}=\sqrt{\frac{\sum_{i=1}^{n}x_i^2}{n}} \tag{2-2}$$

(3) 几何平均值

几何平均值按下式计算

$$\bar{x}_{\mathrm{m}}=\sqrt[n]{x_1x_2x_3\cdots x_n} \tag{2-3}$$

以上所介绍的各种平均值，都是从一组观测值中找出接近于真值的数值，也就是说，它最能代表这一组观测值的中心趋向。平均值的选择主要决定于一组观测值的分布类型。我们碰到的大多为正态分布类型。故本书所用的平均值将以算术平均值为主。

2.1.2　常见的几种误差

(1) 绝对误差

一个物理量经测定后，测量结果（x）与该物理量真值（μ）之间的差异，叫做绝对误差，简称误差。即绝对误差＝测量值－真值，即 $\sigma=x-\mu$。

工程上真值可用算术平均值或相对真值（精确测量值）代替，这时绝对误差可用下式计算。

$$绝对误差=测量值-算术平均值$$

$$绝对误差=测量值-精确测量值$$

（2）相对误差

衡量不同测量值的精确程度，我们给出相对误差，其定义为

$$相对误差=\frac{绝对误差}{真值}$$

以精确测量值代替真值，称

$$实际相对误差=\frac{绝对误差}{精确测量值}$$

若以仪表示值（测量值）代替真值，称

$$示值相对误差=\frac{绝对误差}{测量值}$$

一般来说，除了某些理论分析外，用示值相对误差较为适宜。

（3）引用误差

为了方便计算和划分仪器准确度等级，规定一律取该仪表量程中的最大刻度值（满刻度值）作为分母，来表示相对误差，称

$$引用误差=\frac{示值误差}{满刻度值}$$

式中示值误差为仪表某指示值与其真值（或相对真值）之差。

仪表精度等级（最大引用误差）为

$$S=\frac{最大示值误差}{最大刻度值}$$

测量仪表的精度等级是国家统一规定的，按引用误差的大小分成几个等级，把引用误差的百分数去掉，剩下的数值就称为仪表的精度等级。

例如某台压力计最大引用误差为1.5%，则它的精度等级就是1.5级，用1.5表示。通常简称为1.5级仪表。电工仪表的精度等级分别有：0.1，0.2，0.5，1.0，1.5，2.5和5.0七级。

2.1.3 误差的分类和来源

（1）系统误差

系统误差是指在一定条件下，对同一量进行多次测量时，误差的数值保持恒定，或按某种已知函数规律变化。在误差理论中，系统误差表明一个测量结果偏离真值或实际值的程度。而用准确度一词来表征系统误差的大小。系统误差越小，准确度越高。系统误差越大，准确度越低。

由于系统误差是测量误差的重要组成部分。消除和估计系统误差对于提高测量准确度就十分重要。一般系统误差是有规律的，其产生的原因也往往是可知或能掌握的，因此应尽力消除。至于不能消除的系统误差，我们应设法确定或估计出来。

（2）偶然误差（又称随机误差）

偶然误差是一种随机变量，因而在一定条件下服从统计规律。它的产生取决于测量中系列随机性因素的影响。为了使测量结果仅反映随机误差的影响，测量过程中应尽可能保持各

影响量以及测量仪器、方法、人员不变。即保持“等精度测量”的条件。随机误差表现了测量结果的分散性。在误差理论中，常用精密度一词来表征随机误差的大小。随机误差越大，精密度越低，随机误差越小，精密度越高。

（3）过失误差或粗差

过失误差是由于测量过程中明显歪曲测量结果的误差。如测错（测量时对错误点标记等），读错（如将 3 读为 9），记错等都会带来粗差。它产生的原因主要是粗枝大叶，过度疲劳或操作不正确。含有粗差的测量值称为坏值，正确的实验结果不应包含粗差，即所有的坏值都要剔除。

2.1.4　准确度、精密度和正确度

① 准确度（又称精确度）　反映系统误差和随机误差综合大小的程度。

② 精密度　反映偶然误差大小的程度。

③ 正确度　反映系统误差大小的程度。

对于实验来说，精密度高的正确度不一定高，同样正确度高的精密度也不一定高。但准确度高，则精密度和正确度都高。

如图 2-1 所示，(a) 为系统误差大，而随机误差小。即正确度低而精密度高。(b) 为系统误差小 [与 (a) 相比]，而随机误差大，即正确度高而精密度低。(c) 为系统与随机误差都小，即准确度高。

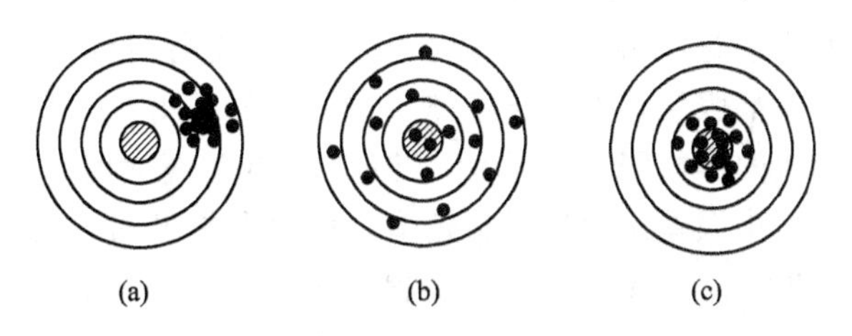

图 2-1　系统与随机误差示意图

2.1.5　高斯误差定律——偶然误差的概率分布密度定律

从无数测量的实践中人们发现，若将偶然误差的分布情况在直角坐标系中作图，得到误差分布曲线如图 2-2 所示。这个分布曲线称为正态分布曲线。并具有下列特点：

① 单峰性　绝对值小的误差出现的概率比绝对值大的误差出现的概率大。

② 对称性　当测量次数足够多时，误差的符号相反，绝对值相等的示值出现次数大致相等。

③ 有界性　在一定测量条件下，误差的绝对值实际上不超过一定界限。

④ 抵偿性　同条件下对同一量测量，各误差的算术平均值随测量次数增加而趋于零，即

$$\lim_{N \to \infty} \frac{1}{n} \sum_{i=1}^{\infty} \delta_i = 0 \tag{2-4}$$

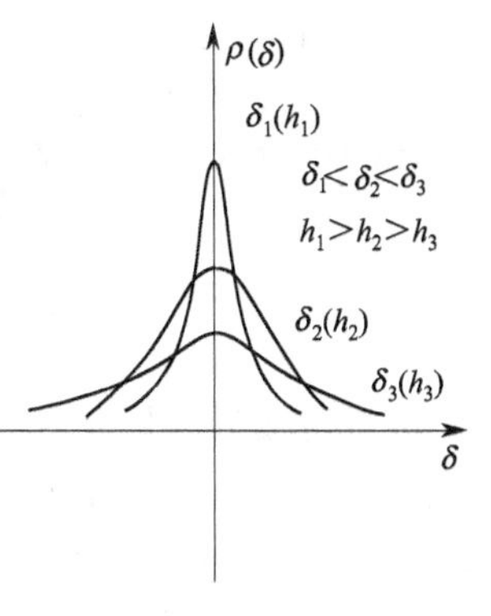

图 2-2　误差分布曲线

设在等精度条件下，对被测量进行 n 次测量，得测量值为 x_1，x_2，…，x_i，…，x_n，相应的各次误差为 δ_1，δ_2，…，δ_i，…，δ_N，测得结果的算术平

均值用下式表示：

$$\bar{x}=\frac{1}{n}\sum_{i=1}^{n}x_i \tag{2-5}$$

测量结果的随机误差之方差用下式表示：

$$\sigma^2=\frac{1}{n}\sum_{i=1}^{n}\sigma_i^2 \tag{2-6}$$

方差的算术平方根称为均方根偏差（标准误差），即

$$\sigma=\sqrt{\frac{1}{n}\sum_{i=1}^{n}\sigma_i^2} \tag{2-7}$$

落在 δ 和 $\delta+\mathrm{d}\delta$ 之间的随机误差的概率用下式表示：

$$P(\delta)=F(\delta)\mathrm{d}\delta$$

式中的 $F(\delta)$ 是随机误差分布规律的数学模型，由高斯首先导出，称为高斯误差方程，可用下式表示：

$$F(\delta)=\frac{1}{\sigma\sqrt{2\pi}}\mathrm{e}^{-\frac{\delta^2}{2\sigma^2}} \tag{2-8}$$

或者

$$F(\delta)=\frac{h}{\sqrt{\pi}}\mathrm{e}^{-h^2\delta^2} \tag{2-9}$$

式中，h 称为精密度或精密度指数。

高斯误差方程在概率理论中称为正态分布密度函数或高斯概率密度函数。大量实践证明，绝大多数的随机误差都服从正态分布规律，也就是可以用高斯误差方程来描述。

高斯误差方程的函数图形如图 2-2 所示。当 σ 越小或 h 越大时，曲线越尖锐。此说明随机误差的离散性越小，即小误差出现的机会越多，而大误差出现的机会越少，这意味着测量的精密度越高。反之 σ 越大或 h 越小，曲线变得越平坦，即测量的精密度越低。因而 σ 和 h 可用来判断精密度的高低。精密度高，其标准误差就小，反之，精密度低，其标准误差就大。

2.1.6 各种偶然误差的表示式

精密度指数 h 可以反映偶然误差的大小。h 与所得数据的联系方法有下列几种。

（1）标准误差（均方根偏差）

由式 $h=\frac{1}{\sqrt{2}\sigma}$ 可知 h 和 σ 有关，σ 也称为均方根偏差。即为各绝对误差的平方和之算术平均值再开方，用下式表示为：

$$\sigma=\sqrt{\frac{\sum_{i=1}^{n}\sigma_i^2}{n}} \tag{2-10}$$

σ 可直接从测量数据中算出。故常用它来代替 h 表示测量的精度。这样公式(2-8) 对于使用更有价值。由该式可知，σ 反映了分布曲线的高低宽窄。σ 值愈小。数据的精密度越高，离散性愈小，故它是精密度的标志，是用得最多的一偶然误差。

平均误差及偶然误差也可表示同一测量的精密度。其效果是相同的。但实际上在测量次数有限的情况下，三种表示有所不同。其中标准误差对数据中存在的较大误差与较小误差反应比较敏感。它是表示测量误差的较好方法。我国和世界上很多国家都在科学报告中使用标

准误差，而在技术报告中多使用另一种误差——极限误差 Δ。

（2）极限误差

极限误差 Δ 为各误差实际不应超过的界限，对于服从正态分布的测量误差一般取 C 倍标准误差作为极限误差，即：

$$\Delta = C\sigma \tag{2-11}$$

Δ：在无系统误差的情况下 Δ 也称为随机不确定度（置信度）。

C：称为置信系统，定义为不确定度（置信度）与其标准差之比值。式中 C 通常取 3，在要求不高时也可取 2。

对服从正态分布的误差，其误差界于 $[-\sigma, +\sigma]$ 间的概率为 0.6827；而误差界于 $[-2\sigma, +2\sigma]$，$[-3\sigma, +3\sigma]$ 间的概率分别为 0.9545，0.9973。

由于误差超过 $[-3\sigma, +3\sigma]$ 的概率为 $1-0.9973=0.27\%$。这是一个很小的概率（超过 $\pm 3\sigma$ 的误差，一定不属于偶然误差，而为系统误差或过失误差），根据实际判断原理，小概率事件在一次实验中看成不可能事件。所以误差超过 $[-3\sigma, +3\sigma]$ 实际上是不可能的。这也就是公式(2-11）中 C 通常取 3 的理由。

利用以上知识，在我们要测量一个真值 μ 时，只要通过多次测量 σ 及 Δ，那么其值出现在 3σ 范围内的概率就很大（99.73%），从而就得到了真值的可靠范围。

2.1.7　有限次数的标准误差

在测量值中已消除系统误差的情况下，测量次数无限增多，所得的平均值为真值。当测量次数有限时，所得的平均值为最佳值，它不等于真值。因此测量值与真值之差（称误差）和测量值与平均值之差（称残差）不等。在实际工作中，测量次数总是有限的，所以有必要找出用残差来表示的误差公式。

用残差表示的标准误差 $\hat{\sigma}$ 为：

$$\hat{\sigma} = \sqrt{\frac{\sum_{i=1}^{n} v_i^2}{n-1}} \tag{2-12}$$

式中，v_i 为测量值 x_i 和平均值的差，即 $v_i = x_i - \bar{x}$，n 为测量次数。

这里将有限测量次数的标准误差用 $\hat{\sigma}$ 表示，以区别 $n \to \infty$ 时的标准误差 σ，不过在使用时，一般不加区别，均写为 σ。

2.1.8　可疑观测值的舍弃

在一组实验中，通常很容易发现某一观测值与其余观测值相差很远。如果保留这一观测值，则对平均值及偶然误差都将引起很大的影响。但是随意舍弃这一“坏值”，以获得实验结果的一致性，显然是不对的。只有经仔细分析能充分证明实验中产生过失，如读取刻度尺有误差、称量样品中砝码加减错误等，才能舍掉某一坏值；如果没有充分理由，则只有根据误差理论决定数值的取舍。

目前决定取舍数据的方法为统计判别法。其基本思想在于给定一个置信概率（例如 0.99），并确定一个置信限，凡超过这个限的误差，就认定它不属于随机误差范围，而是粗差，可予剔除。

拉依达准则：假设一组等精度测量结果中某次测量值 x_d 的残余误差 v_d（$1 \leqslant d \leqslant N$）满足下式。

$$|v_d| > 3\sigma \tag{2-13}$$

则认为 v_d 为粗差，x_d 是含有粗差的坏值，因而应剔除。

显然，拉依达准则是以正态分布和 $P=0.9973$ 为前提的。除此之外还有肖维勒准则、格拉布斯准则等，不再赘述。

2.2 有效数字及其运算规则

2.2.1 有效数字

在实验中，我们经常遇到两类数字。一类是没有单位的数字，例如 π、e 等，还有一些经验公式中的常数值、指数值等，其有效数字的位数可多可少，常按我们的实际需要选取。另一类是有单位的数字，用来表示测量结果的，例如温度、压力、流量等数字。这一类数据的特点是除了具有特定的单位外，其最后一位数字往往是由仪表的精确度所决定的估计数字，例如：用精确度为 1/10℃的温度计测量温度，某个人读得的温度为 22.47℃，另一个人可能读得 22.46℃。由此可见，这类数的“有效数字”中含有一位估计数字。通常测量时，一般均可估计到仪表最小刻度后一位，按此记下的都是有效数字。

测量的精确度是通过有效数字的位数来表示的。有效数字的位数应是除定位用“0”（用来指示小数点位置或定位用的零并不是有效数字）以外的余数位都是有效数字。例如 3.1410 的有效数字有五位，22.4140 有六位，而 0.08206 则只有四位有效数字，30.00 也是四位有效数字。对于“0”我们必须特别小心在意，50g 不一定是 50.00g。在科学与工程中，为了清楚地表示数值的精度与准确度，可将有效数字写出，并在第一个有效数字后面加上小数点。而数值的数量级用 10 的整数幂来确定。这种用 10 的整数幂来记数的方法称为科学记数法。如 981000 中，若有效数字为四位就写成 9.810×10^5；若只有两位有效数字，就写成 9.8×10^5。

2.2.2 有效数字的运算规则

① 在加减运算中，各数所保留的小数点后的位数，与各数中小数点后的位数最少的相一致。例如将 13.65，0.0082，1.632 三数相加应写成 $13.65+0.01+1.63=15.29$。

② 在乘除运算中、各数所保留的位数，以原来各数中有效数字位数最少的那个数为准，所得结果的有效数字位数，亦应与原来各数中有效数字位数最少的那个数相同。例如：将 0.121，25.64，1.05782 三数相乘应写成 $0.0121\times25.6\times1.06=0.328$。虽然这三个数的乘积为 0.3283456。但只应取其积为 0.328。

③ 在对数计算中，所取对数位数与真数有效数字位数相同。

确定有效数字位数，舍去其余数字的办法是末位有效数字后边的第一位数字采取四舍五入，如正好等于 5 时，则偶舍奇入，即末位有效数字为奇数，则增加 1；为偶数，则舍弃不计。例如下面诸数取三位有效数字时：

25.47→25.5　　25.44→25.4

25.55→25.6　　25.45→25.4

2.3 实验数据的处理

实验数据的整理，就是把所测得的一系列实验数据用最适宜的方式表示出来，在实验中，有如下三种表达方式。

2.3.1 列表法

将实验直接测定的一组数据，或根据测量值计算得到的一组数据，按照其自变量和因变量的关系以一定的顺序列出数据表，即为列表法。在拟定记录表格时应注意下列问题：

① 测量单位应在名称栏中标明，不要和数据写在一起。

② 同一直列的数字、数据必须真实地反映仪表的精确度。即数字写法应注意有效数字的位数，每行之间的小数点对齐。

③ 对于数量级很大或很小的数，在名称栏中乘以适当的倍数。例如 $Re=25000$，用科学计数法表示 $Re=2.5\times10^4$。列表时，项目名称写为 $Re/10^4$，数据表中数字则写为 2.5。这种情况在数据表中经常遇到。

④ 整理数据时，应尽可能将一些计算中始终不变的物理量归纳为常数，避免重复计算。

⑤ 在记录表格下边，要求附以计算示例，表明各项之间的关系，以便于阅读或进行校核。

2.3.2 实验数据的图示法

上述列表法，一般难以见到数据规律性，或常常需要将实验结果用图形表示出来，用图形表示实验结果显得简明直观，便于比较，易于显示出结果的规律性或趋向。作图过程中应遵循一些基本原则。否则得不到预期结果，甚至会导致错误的结论。下面是关于实验中正确作图的一些基本原则。

2.3.2.1 图纸的选择

图纸有直角坐标纸、半对数坐标纸和双对数坐标纸等。要根据变量间的函数关系。选定一种坐标纸。对于符合方程式 $y=kx+b$ 的数据，在直角坐标纸上画出一条直线；对于符合方程式 $y=ka^x$ 的数据，经两边取对数，在半对数坐标纸上，可对 $\ln y$-x 画出一条直线；对于符合方程式 $y=ax^m$ 的数据，经两边取对数，可在双对数坐标纸上对 $\ln x$-$\ln y$ 画出一条直线。

当变量多于两个时，如 $y=f(x,z)$，在作图时先固定一个变量，例如使 z 固定，求出 y-x 关系，这样可得每个 z 值下的一组图线。例如在做填料吸收塔的流体力学特性测定时，就是采用此标绘方法，即相应于各喷淋量 L，在双对数坐标纸上标出空塔流速 u 和填料层压降 Δp 的关系曲线。

2.3.2.2 坐标分度

习惯上，一般取独立变量为 x 轴，因变量为 y 轴。在两轴则要标明变量名称、符号和单位。坐标分度的选择，要反映出实验数据的有效数字位数，即与被标的数值精度一致。分度的选择还应使数据容易读取，而且分度值不一定从零开始，以使所得图形能占满全幅坐标纸，匀称居中，避免图形偏于一侧。

2.3.2.3 符号选取

若在同一张坐标纸上同时标绘几组测量值或计算数据，可用不同符号（如 *，×，△，○等）加以区别。

2.3.2.4 对数标绘

① 标在对数坐标轴上的值是真值。

② 对数坐标原点为 $x=1$，$y=1$，而不是零。

③ 由于 0.01，0.1，1，10，100 等数的对数分别为 −2，−1，0，1，2 等，所以对数坐

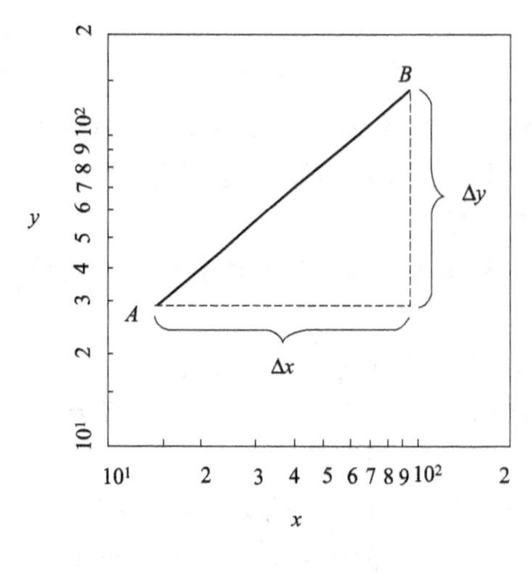

图 2-3 对数标绘图

标纸上每一数量级的距离是相等的。

④ 对数坐标上求取斜率的方法，与直角坐标上的求法不同。因为在对数坐标上标度的数值是真值而不是对数值。因此，双对数坐标纸上直线的斜率，需要用对数值来求算，或者直接用尺子在坐标纸上量取线段长度求取，如图 2-3 中所示 AB 线的斜率为

$$m=\frac{\Delta y}{\Delta x}=\frac{\ln y_2-\ln y_1}{\ln x_2-\ln x_1}$$

式中，Δy 与 Δx 的数值，即为用尺子测量而得的线段长度。

⑤ 在双对数坐标上，直线与 $x=1$ 处的纵轴相交处的 y 值，即为方程 $y=ax^m$ 中的 a 值。若所绘的直线在图面上不能与 $x=1$ 处的纵轴相交，则可在直线上任取一组数据 x 和 y 代入原方程 $y=ax^m$ 中，通过计算求得 a 值。

2.3.2.5 在坐标纸上标数据时的注意事项

① 将数据标绘在坐标纸上时应标明坐标表示的量的符号及单位大小。

② 描点画线时，曲线除有明显的转折点之外，应光滑匀称、工整。连线时应照顾到所有的点（明显错误的点，可以不考虑），但连线不一定通过所有的点，应使曲线两侧的点近乎相等，直线应用直线尺画，曲线应用曲线板或曲线尺来画。

2.3.3 实验数据的方程表示法

为方便工程计算，通常需将实验数据或计算结果用数学方程或经验公式的形式表示出来。

在实验数据处理中，经验公式通常都表示成无因次的数群或准数关系式。通常遇到的问题是如何确定公式中的常数和系数。

经验公式或准数关系式中的常数和系数的求法很多。最常用的是图解法和最小二乘法。

2.3.3.1 用图解法求方程式

如果实验数据可在某种坐标上标绘成一条直线，则我们可用直线图解法求出其相应的方程式。

当在普通坐标上呈直线关系时，则此直线必须符合 $y=kx+b$ 的函数关系，其斜率为 k，截距为 b。

当在对数坐标上呈直线关系时，则此直线必须符合 $y=ax^m$ 的函数关系，直线的斜率为 m，可用下式求出

$$m=\frac{\Delta y}{\Delta x}=\frac{\ln y_2-\ln y_1}{\ln x_2-\ln x_1} \tag{2-14}$$

$x=1$ 处的截距即为 a 值。

如何检验所求的方程式（或经验式）拟合实验点的好坏呢？往往是用偏差之和是否接近于零，作为检验经验公式的精确程度的标准。

所谓偏差就是对应于实验数据中自变量 x_i $(i=1,2,3,\cdots,n)$，由方程式 $y=kx+b$ 求出相应的 y_i' $(i=1,2,3,\cdots,n)$ 与实测的 y_i 值相减，差值 y_i-y_i' 就叫做偏差，用 δ_i 表示，把所有的偏差加起来求和就是偏差之和 $\sum\delta_i$，偏差之和接近零，说明所求出的直线拟合实验点比较好。

2.3.3.2　用最小二乘法求方程式（或经验式）

图解法连线的原则是利用$\sum\delta_i=0$来确定经验公式，这样做有一个缺点，那就是$\sum\delta_i=0$在特殊情况下，并不能保证公式的精确性，例如$\delta_1=2$，$\delta_2=-0.5$，$\delta_3=-1.5$时，虽然仍有$\sum\delta_i=\delta_1+\delta_2+\delta_3=0$，但这三个点离经验直线（图解出的直线）都较远，这样的直线实际上并不精确，所以常常采用偏差平方和为最小的办法，即$\sum_{i=1}^{n}\delta_i^2=$最小值，一般称这种拟合曲线的办法为最小二乘法。所以最小二乘法的基本出发点就是在整个实验点中，选取一条直线，使该直线与各点的偏差的平方和为最小。

下面我们就根据$\sum_{i=1}^{n}\delta_i^2$为最小的要求来确定经验公式$y=bx+a$中的常数b和a。

设实验数据为（x_i、y_i、$i=1$、2、3，…，n），我们要用$y=bx+a$去拟合它们，此时偏差为

$$\delta_i=y_i-y_i'=y_i-(bx_i+a) \tag{2-15}$$

而偏差平方和为

$$Q=\sum_{i=1}^{n}\delta_i^2=\sum_{i=1}^{n}[y_i-(bx_i+a)]^2 \tag{2-16}$$

式(2-16)中的y_i，x_i均为已知的实测值，只有a、b是需要求出的。为了使Q为最小值，则令

$$\frac{\partial Q}{\partial a}=2\sum_{i=1}^{n}[y_i-(bx_i+a)]=0 \tag{2-17}$$

$$\frac{\partial Q}{\partial b}=2\sum_{i=1}^{n}[y_i-(bx_i+a)]x_i=0 \tag{2-18}$$

由式(2-17)得

$$\sum_{i=1}^{n}y_i=b\sum_{i=1}^{n}x_i+an=0 \tag{2-19}$$

由式(2-18)式得

$$\sum_{i=1}^{n}x_iy_i=b\sum_{i=1}^{n}x_i^2+a\sum_{i=1}^{n}x_i=0 \tag{2-20}$$

由式(2-19)得

$$a=\frac{\sum_{i=1}^{n}y_i-b\sum_{i=1}^{n}x_i}{n} \tag{2-21}$$

将式(2-21)代入式(2-20)得

$$b=\frac{\sum_{i=1}^{n}x_iy_i-\frac{\sum_{i=1}^{n}x_i\sum_{i=1}^{n}y_i}{n}}{\sum_{i=1}^{n}x_i^2-\frac{\left(\sum_{i=1}^{n}x_i\right)^2}{n}} \tag{2-22}$$

利用式(2-21)、式(2-22)即可求出方程的a和b，即直线的截距和斜率。

例题：今有一台换热器，经测试整理被冷却流体的实验数据如表 2-1、表 2-2 所示，求其传热膜系数关联式。已知条件：关联式形式为$Nu=\alpha Re^mPr^{0.3}$

解：将关联式变换成以下形式$\frac{Nu}{Pr^{0.3}}=\alpha Re^m$，上式中未知项只有$\alpha$和$m$，可通过图解或最小二乘法求得。

表 2-1 数据表（一）

序号	Re	Pr	Nu	序号	Re	Pr	Nu
1	978	4.430	40.35	7	8166	3.980	152.7
2	1645	4.488	57.90	8	8799	3.986	160.8
3	2057	4.523	67.54	9	9586	4.020	169.6
4	2448	4.500	75.10	10	9963	4.062	172.1
5	4388	4.042	103.7	11	10325	4.090	178.4
6	6363	4.042	132.3	12	10826	4.054	185.5

表 2-2 数据表（二）

序号	Re	$Nu/Pr^{0.3}$	序号	Re	$Nu/Pr^{0.3}$
1	978	25.82	7	8166	100.9
2	1645	36.90	8	8799	106.2
3	2057	42.95	9	9586	111.9
4	2448	47.64	10	9963	113.0
5	4388	68.23	11	10325	116.9
6	6363	87.10	12	10826	121.9

图解法：将表 2-2 的数据点画在$\frac{Nu}{Pr^{0.3}}$-Re 关联图中，并画出直线，在线上任找两点，量取 Δx、Δy 线段长度，则 $m=\frac{\Delta y}{\Delta x}=\frac{42}{65}=0.646$，截距值由图中无法读出，可用选点法求出，对 2（$x_2,y_2$）点得

$$130=\alpha\times12000^{0.646}$$

$$\alpha=\frac{130}{12000^{0.646}}=0.301$$

所以用图解法求出之经验公式为：$Nu=0.301Re^{0.646}Pr^{0.3}$

最小二乘法：将表 2-2 数值取对数转换成线性方程式

$$\lg\frac{Nu}{Pr^{0.3}}=\lg\alpha+m\lg Re$$

$y=a+mx$，将 y、x 值列入表 2-3。得

$$m=\frac{\sum_{i=1}^{n}x_iy_i-\frac{\sum_{i=1}^{n}x_i\sum_{i=1}^{n}y_i}{n}}{\sum_{i=1}^{n}x_i^2-\frac{\left(\sum_{i=1}^{n}x_i\right)^2}{n}}=\frac{82.8547-\frac{44.1304\times22.2818}{12}}{163.733-\frac{(44.1304)^2}{12}}=0.6328$$

$$a=\frac{\sum_{i=1}^{n}y_i-m\sum_{i=1}^{n}x_i}{n}=\frac{22.2818-0.6328\times44.1304}{12}=-0.4703$$

$\alpha=10^{-0.4703}=0.3386$，经验公式为 $Nu=0.339Re^{0.633}Pr^{0.3}$。

表 2-3　数据表（三）

序　号	x_i	x_i^2	y_i	x_iy_i
1	2.9903	8.9419	1.4120	4.2223
2	3.2162	10.344	1.5670	5.0398
3	3.3132	10.977	1.6330	5.4105
4	3.3879	11.478	1.6770	5.6815
5	3.6423	13.266	1.8340	6.6800
6	3.8037	14.468	1.9400	7.3792
7	3.9120	15.304	2.0039	7.8393
8	3.9444	15.558	2.0261	7.9917
9	3.9816	15.853	2.0488	8.1575
10	3.9984	15.987	2.0531	8.2091
11	4.0141	16.113	2.0678	8.3004
12	4.0346	16.278	2.0860	8.4162
Σ	44.2387	164.567	22.3487	83.3275

两种方法得出的经验公式都可使用，但以最小二乘法求出的式子偏差最小。

2.4　数值计算

在数据处理中，经常遇到一些定积分数值计算，一般用图解积分或数值计算方法求得近似值。

2.4.1　辛普森图解积分法

若已知下列积分式

$$I=\int_{x_1}^{x_2} f(x)\mathrm{d}x \tag{2-23}$$

则根据数学表达式的函数关系，可进行图解积分。最简单的方法是在曲线上下分别形成梯形求面积，但所得结果欠佳，所以工程计算上常用方法为辛普森 1/2 法。

辛普森 1/2 法图解积分步骤如下：

(1) 按绘出的函数关系，在坐标纸上标绘平滑曲线，如图 2-4 所示。

(2) 在横坐标上标出积分上下限 x_1 和 x_2，曲线上相应两点 $A[f(x_1),x_1]$ 与 $B[f(x_2),x_2]$，并将 AB 两点连接成直线。

(3) 求出积分上下限 x_1 和 x_2 的中间值，$\bar{x}=\frac{x_1+x_2}{2}$，由横坐标向上作垂线，分别与曲线和直线 AB 相交于 D、C 两点。

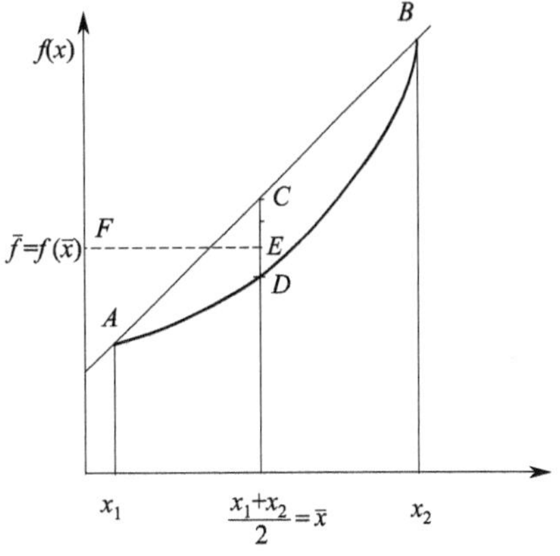

图 2-4　辛普森 1/2 法图

(4) 将 CD 线三等分，曲线上 D 点向上 1/3 处为 E 点，由 E 点向 y 轴作水平线，交纵轴于 F 点，该 F 点距离原点为$\bar{f}$，且$\bar{f}$为 $f(x)$ 在 $x_1 \sim x_2$区间内的平均值。

（5）最后求得积分值为：$I=\int_{x_1}^{x_2} f(x)\mathrm{d}x=(x_2-x_1)\,\overline{f}$

如果曲线向上弯曲，仍然是在 CD 线上由曲线出发，取 1/2 处为 E 点。

2.4.2 辛普森定积分计算法

设要求的定积分为如下形式

$$I=\int_0^n f(x)\mathrm{d}x \tag{2-24}$$

现将积分区间（x_0，x_n）分成 n 等份，每等份的距离为 $h=\dfrac{x_n-x_0}{n}$，其中 $x_n>x_0$，n 为偶数，则计算定积分近似值的辛普森公式为：

$$I=\frac{h}{3}\{f(x_0)+f(x_n)+4[f(x_1)+f(x_3)+\cdots+f(x_{n-1})]+2[f(x_2)+f(x_4)+\cdots+f(x_{n-2})]\} \tag{2-25}$$

显然 n 越大结果越精确。n 值取多大为宜，取决于最终结果的允许精确度。因此，用辛普森公式进行计算可以得到较为精确的定积分值，并可用计算机进行程序计算，更为方便可靠。

第3章　溶胶-凝胶法实验

【背景介绍】

胶体（colloid）是一种分散相粒径很小的分散体系，分散相粒子的重力可以忽略，粒子之间的相互作用主要是短程作用力。

溶胶（sol）是具有液体特征的胶体体系，分散的粒子是固体或者大分子，分散的粒子大小在1～1000nm。

凝胶（gel）是具有固体特征的胶体体系，被分散的物质形成连续的网状骨架，骨架空隙中充有液体或气体，凝胶中分散相的含量很低，一般在1%～3%。

简单地讲，溶胶-凝胶法就是用含高化学活性组分的化合物作为前驱体，在液相下将这些原料均匀混合，并进行水解、缩合反应，在溶液中形成稳定的透明溶胶体系，溶胶经陈化胶粒间缓慢聚合，形成三维空间网络结构的凝胶，凝胶网络间充满了失去流动性的溶剂，形成凝胶。凝胶经过干燥、烧结固化制备出分子乃至纳米亚结构的材料。

【化学过程】

溶胶-凝胶法的化学过程首先是将原料分散在溶剂中，然后经过水解反应生成活性单体，活性单体进行聚合，开始成为溶胶，进而生成具有一定空间结构的凝胶，经过干燥和热处理制备出纳米粒子和所需要材料。

其最基本的反应是：

水解反应　$M(OR)_n + xH_2O \longrightarrow M(OH)_x(OR)_{n-x} + xROH$

聚合反应　$—M—OH + HO—M— \longrightarrow —M—O—M— + H_2O$

$—M—OR + HO—M— \longrightarrow —M—O—M— + ROH$

【方法优点】

溶胶-凝胶法与其他方法相比具有许多独特的优点：

① 由于溶胶－凝胶法中所用的原料首先被分散到溶剂中而形成低黏度的溶液，因此，就可以在很短的时间内获得分子水平的均匀性，在形成凝胶时，反应物之间很可能是在分子水平上被均匀混合。

② 由于经过溶液反应步骤，那么就很容易均匀定量地掺入一些微量元素，实现分子水平上的均匀掺杂。

③ 与固相反应相比，化学反应将容易进行，而且仅需要较低的合成温度，一般认为溶胶-凝胶体系中组分的扩散是在纳米范围内，而固相反应时组分扩散是在微米范围内，因此反应容易进行，温度较低。

④ 选择合适的条件可以制备各种新型材料。

溶胶-凝胶法也存在某些问题：首先是目前所使用的原料价格比较昂贵，有些原料为有机物，对健康有害；其次通常整个溶胶-凝胶过程所需时间较长，常需要几天或几周；最后是凝胶中存在大量微孔，在干燥过程中又将会逸出许多气体及有机物，并产生收缩。

【重要应用】

金属化合物经溶液、溶胶、凝胶而固化，再经低温热处理而生成纳米粒子。其特点反应物种多，产物颗粒均一，过程易控制，适于氧化物和Ⅱ～Ⅵ族化合物的制备。

溶胶-凝胶法作为低温或温和条件下合成无机化合物或无机材料的重要方法，在软化学合成中占有重要地位。在制备玻璃、陶瓷、薄膜、纤维、复合材料等方面获得重要应用，更广泛用于制备纳米粒子。

实验 1　溶胶-凝胶法合成二次锂离子电极材料 LiV_3O_8 纤维

【实验目的】

1. 掌握溶胶-凝胶法基本原理。

2. 了解 LiV_3O_8 电极材料的制备方法。

【背景介绍】

钒酸锂 LiV_3O_8 作为锂离子蓄电池的正极材料，已有 20 多年的研究历史。与其他正极材料相比，它具有比容量高、循环寿命长、易制备、空气中稳定、无记忆效应、无环境污染等优点。LiV_3O_8 的结构特点是：Li^+ 占据着 $V_3O_8^-$ 的层间八面体的位置，它们之间以离子键紧密连接，过量的 Li^+ 可以占据层间四面体的位置。这种层状结构和层间的空位使得 Li^+ 能在其中快速扩散，因而适合锂的嵌入和脱出。理论上每摩尔 LiV_3O_8 可嵌入 3mol 以上的锂离子，相应的比容量高于 285mAh/g。

钒酸锂传统的制备方法是将 Li_2CO_3 和 V_2O_5 按比例混合后在 600℃高温下反应生成，用这种方法得到的 LiV_3O_8 比容量只有 180 mAh/g。传统的合成方法还存在反应时间较长；在高温条件下，锂与钒的挥发程度不同，使锂和钒的比例难以达到所期望的计量值；钒对器皿有严重的腐蚀等缺点。为了提高 LiV_3O_8 的电化学性能，人们提出了很多改进的方法，如高效研磨、超声波处理、水热和层间插入 NH_3、H_2O 和 CO_2 无机小分子等。与固相法相比，上述方法得到的材料性能有所提高，但所需设备复杂，不利于规模化生产。Dai 等人利用液相反应、以 Li_2CO_3 和 NH_4VO_3 为原料、低温条件下制备了 LiV_3O_8。溶胶-凝胶法合成锂离子正极材料具有合成温度低、颗粒度小、分布均匀、容易得到化学计量产物、电性质较好而得到广泛应用。

柠檬酸是强的配体，能与许多金属离子如 Ba^{2+}、Ca^{2+}、Zr^{4+}、Y^{3+} 等反应，因此选用柠檬酸为螯合剂。在水溶液中 V 以 VO_4^{3-} 的形式存在，由于钒与氧之间较强的极化作用，五价钒的化合物一般都有颜色；中性条件下，所得钒酸氨溶液为黄色。柠檬酸的加入使溶液的 pH 值降低，促使钒的聚合程度改变，颜色加深而变为红色；随着时间的延长，由于柠檬酸与钒在溶液中的配位作用，使得溶液变为绿色；在老化过程中，随着水解-缩聚反应的进行，形成线型的无机聚合物，钒之间的聚集形式发生改变，使溶液颜色进一步加深变为蓝色，最后得到蓝色的可纺性的溶胶。

【仪器与试剂】

试剂：NH_4VO_3，$LiCH_3COO\cdot 2H_2O$，柠檬酸，均为分析纯。

仪器：电子天平，恒温磁力搅拌器，真空干燥箱，管式气氛炉，烧杯等玻璃仪器。

【实验步骤】

1. 样品的制备

(1) 称取 0.02mol 的 NH_4VO_3 置于烧杯中，加入去离子水，煮沸使其完全溶解，继续加热约 0.5h 后停止加热，自然冷却。

(2) 向上述体系中按柠檬酸与金属离子（Li +V）的摩尔比为 1∶1 加入柠檬酸，至最后溶液变为绿色。

(3) 称取化学计量比的 $LiCH_3COO\cdot 2H_2O$ 溶于水中，然后与上述溶液混合，继续搅拌。

(4) 将所得绿色溶液于70℃的水浴锅上在空气气氛中老化。随着水的蒸发，溶胶黏度逐渐变大，最后得到蓝色的具有可纺性的溶胶。

(5) 用玻璃棒拉丝得到LiV_3O_8凝胶纤维，室温下干燥。

(6) 将凝胶纤维在空气气氛管式炉中烧结得到晶化较好的钒酸锂纤维，其热处理由以下几步完成：第一步以0.5℃/min的速度升温到500℃；第二步500℃恒温1h；第三步以10℃/min的速度升温到600℃，在此温度下恒温1h，自然冷却至室温得到结晶的LiV_3O_8纤维。

2. 样品的表征

(1) 将得到的样品粉末与KBr混合后压片，用Thermo Nicolet NEXUS红外光谱仪在400～4000cm^{-1}分析样品的FTIR谱。

(2) 凝胶纤维的热分解过程采用Simultaneous DTG-60型热分析仪在氧气气氛下进行表征。

(3) 用Riguku D/MAX 2200pc型多晶X射线粉末衍射仪（CuKα射线）分析所得粉末的相组成。

(4) 用JSM-6360LV扫描电镜（scanningelectron microscope，SEM）观察纤维的表面形貌、大小及分布。

【结果与讨论】

(1) 分析红外光谱图，对各峰进行归属。

(2) 分析反应过程的TGA曲线，对分解过程进行讨论，并与理论失重量进行对比。

(3) 观察样品的微观形貌。

【预习思考题】

1. 写出各阶段的反应方程式。

2. 计算反应的理论失重量。

【参考文献】

牛萍，李大枝，刘树武．二次锂离子电极材料LiV_3O_8纤维的合成[J]．滨州学院学报，2006，22(3)：36-39.

实验2　溶胶-凝胶法低温合成 $Li_{2.06}Nb_{0.18}Ti_{0.76}O_3$ 粉体

【实验目的】

1. 掌握溶胶-凝胶法基本原理。

2. 了解微波介质材料的制备方法。

【背景介绍】

Li_2O-Nb_2O_5-TiO_2(LNT)是一种新型微波介质材料，具有优良的介电性能和较低的烧结温度。典型的制备方法是采用 Nb_2O_5、TiO_2 及 Li_2O 机械混合后经高温煅烧获得 LNT 粉体，其煅烧温度为 850℃左右。众所周知，湿化学法合成粉体具有很多固相法合成所不具备的优点：纯度高、均匀性好、合成温度低及所得粉体颗粒细等，因此被广泛用于多种粉体（包括介质材料粉体）的合成；但是湿化学法在 LNT 体系粉体合成中的应用却不多见。

实验中采用 sol-gel 法，以普通 Nb_2O_5 为原料合成 Li_2TiO_3 固溶体相结构的 LNT 材料，同时研究 Li_2TiO_3 的晶相转变过程，并讨论其可能的转变机制。

【仪器与试剂】

试剂：Nb_2O_5，$LiOH \cdot H_2O$，$Ti(C_4H_9O)_4$，氢氟酸，柠檬酸，均为分析纯。

仪器：电子天平，恒温磁力搅拌器，真空干燥箱，管式气氛炉，塑料烧杯等玻璃仪器。

【实验步骤】

1. 样品的制备

（1）将 Nb_2O_5 加到氢氟酸中，于 60～90℃油浴一段时间，使其溶解。按一定比例，分别向 HF 溶液、氢氧化锂水溶液和 $Ti(C_4H_9O)_4$ 乙醇溶液中加入配制好的柠檬酸溶液。

（2）将得到的 3 种柠檬酸溶液混合后加入乙醇、乙二醇中，用氨水和去离子水调节 pH 为弱碱性溶液，配制总离子浓度为 0.2～0.3 mol/L 的溶液，于 90～100℃油浴磁力搅拌 6～10 h，得到透明稳定的凝胶。

（3）凝胶在 110～120℃烘箱中干燥得到干凝胶，研磨得到干凝胶粉末，将干凝胶粉末在 400～700℃煅烧 6～10h。

（4）将得到的粉料加入添加剂 B_2O_3 后研磨、烘干、过筛，获得最终粉体；该粉体经造粒、成型后，得到素坯；在 800～900℃烧结获得样品。为了对比分析，用固相法得到的粉体按上述同样步骤制备对比样品。

2. 样品的表征

（1）将不同温度煅烧得到的粉末与 KBr 混合后压片，用 Thermo Nicolet NEXUS 红外光谱仪在 400～4000cm^{-1} 分析样品的 FTIR 谱。

（2）用多晶 X 射线粉末衍射仪分析所得粉末的相组成，同时研究固溶体的晶相转变过程。

（3）用扫描电镜观察产物颗粒的形貌、大小及分布。

【结果与讨论】

（1）分析样品的红外光谱图，对各峰进行归属。

（2）分析反应过程的 TGA 曲线，对分解过程进行讨论，并与理论失重量进行对比。确定反应的温度。

（3）通过对不同温度的 XRD 分析，判断固溶体的晶相转变的温度。观察样品的微观形貌。

【预习思考题】

1. 写出传统的 $Li_{2.06}Nb_{0.18}Ti_{0.76}O_3$ 粉体的制备过程。

2. 举 1～2 个湿化学法在 LNT 体系粉体合成中应用的例子。

【参考文献】

王霞，李蔚，施剑林．溶胶-凝胶法低温合成 $Li_{2.06}Nb_{0.18}Ti_{0.76}O_3$ 粉体［J］．硅酸盐学报，2010，38（3）：414-418.

实验 3　溶胶-凝胶法制备磁制冷材料 $La_{0.65}Sr_{0.35}MnO_3$

【实验目的】

1. 掌握 pH 值对溶胶-凝胶法合成的影响。

2. 了解磁制冷材料的合成方法。

【背景介绍】

具有钙钛矿结构的亚锰酸盐材料由于具有较大的磁热效应，且居里温度接近室温，被认为是有潜力的磁制冷材料。与 Gd 及其他合金磁制冷材料相比，钙钛矿结构的亚锰酸盐更易制备，原料和制造成本更低，并且具有较好的化学稳定性及高的电阻，这些优异的性能使得它在磁制冷技术中更具优势。

目前，制备亚锰酸盐化合物的一种常用方法是采用溶胶-凝胶法工艺，其合成温度低、制备出的产品纯度高、颗粒细小均匀（可以达到纳米尺度）、更易于后期加工。国内外许多研究者对其制备工艺进行了研究，其中，pH 值对其溶胶-凝胶过程影响很大，然而，到目前为止，有关 pH 值的影响尚不明确。本实验采用乙二胺来调节溶胶-凝胶工艺过程中的 pH 值，来研究不同 pH 值时 sol-gel 中的反应机制，并分析其对最终亚锰酸盐化合物合成及微结构的影响。

【仪器与试剂】

试剂：氧化镧，碳酸锶，硝酸，硝酸锰溶液，柠檬酸，乙二胺，均为分析纯。

仪器：电子天平，恒温磁力搅拌器，真空干燥箱，马弗炉，烧杯等玻璃仪器。

【实验步骤】

1. 样品的制备

(1) 将氧化镧、碳酸锶按标准化学配比溶于硝酸中，然后加入硝酸锰溶液。

(2) 在快速搅拌该硝酸盐混合溶液的同时加入柠檬酸。硝酸根与柠檬酸的摩尔比为 5∶6。

(3) 搅拌并添加乙二胺调节 pH 值，水浴恒温 60～80℃搅拌 4～6 h，得到溶胶。

(4) 将溶胶于 80～100℃陈化 2 天，以形成凝胶。

(5) 将凝胶在马弗炉中加热至 180～220℃使燃烧，生成前驱体。

(6) 把前驱体粉碎，在 700～900℃加热，即得亚锰酸盐粉体。

2. 样品的表征

(1) 多晶 X 射线粉末衍射仪对合成样品的物相进行检测，确定其相组成。

(2) 用发射扫描电子显微镜对合成过程中的样品进行扫描，观察其微观形貌及粉体颗粒尺寸。

【结果与讨论】

(1) 观察实验中不同 pH 值情况下各阶段的溶胶-凝胶过程发生的现象，并进行解释。

(2) 通过对不同 pH 值下的产物的 XRD 分析，研究 pH 值与产物 XRD 的关系。

(3) 分析 pH 值影响合成粉体形貌的原因。

【预习思考题】

1. pH 值影响产物的机理是什么？

2. 磁热效应材料的合成方法都有哪些？

【参考文献】

[1] 乔梁，徐天添，郑精武等．pH值对溶胶-凝胶法制备 $La_{0.65}Sr_{0.35}MnO_3$ 的影响 [J]．稀有金属材料与工程，2010，39(2)：343-346.

[2] Russek S L, Zimm C. Inter J of Refrigeration [J], 2006, 29: 1366.

[3] Phan M H, Yu S C. J of Mag and MagMater [J], 2007, 308: 325.

实验4 溶胶-凝胶法制备压电陶瓷 $Bi_{0.5}Na_{0.5}TiO_3$

【实验目的】

1. 研究温度对溶胶-凝胶法制备 $Bi_{0.5}Na_{0.5}TiO_3$ 的影响。

2. 了解压电陶瓷材料的制备方法。

【背景介绍】

压电陶瓷是一种能实现机械能与电能间转换的重要功能材料，在机械、电子、通信等方面有重要的应用。目前研究的压电陶瓷，主要为含铅基陶瓷，而这类陶瓷在生产、使用废弃后及处理过程中给人类和生态环境造成严重损害。因而开发出新型的、具有优良性能的无铅压电陶瓷是一项有重大使用意义的研究课题。无铅压电陶瓷 $Bi_{0.5}Na_{0.5}TiO_3$（简称 BNT）是一种 A 位复合取代的钙钛矿型弛豫铁电体，室温下为铁电相，具有烧结温度低、铁电性强、介电常数小及声学性能好等优点，被认为是最有可能取代传统的 PZT 压电材料的无铅压电陶瓷体系，故目前正受到研究者们的广泛关注。

BNT 基陶瓷的制备方法有固相合成法、Pechini 法、溶胶-凝胶法等。固相合成法简单易行、成本低，但在研磨过程中很难达到颗粒的均匀与细化，且容易引入杂质，这些都会对 BNT 基陶瓷的电学性能产生较大影响。相对于传统的固相合成法，溶胶-凝胶法在制备铁电材料方面具有很多优势：纯度高、化学组分均匀、温度低、操作简单等。

【仪器与试剂】

试剂：硝酸铋，乙酸钠，钛酸四丁酯，乙二醇乙醚，冰醋酸，均为分析纯。

仪器：酸度计测定仪，电子天平，恒温磁力搅拌器，真空干燥箱，管式气氛炉，烧杯等玻璃仪器。

【实验步骤】

1. 样品的制备

（1）按化学计量比称取硝酸铋、乙酸钠和钛酸四丁酯，分别溶于冰醋酸（硝酸铋、乙酸钠）和乙醇（钛酸四丁酯）中。

（2）将乙酸钠溶液倒入硝酸铋溶液中，混合均匀，然后向钛酸四丁酯溶液中加入稳定剂乙二醇乙醚，将上述原料混合、搅拌，得到 BNT 前驱体溶液。

（3）将 BNT 前驱体溶液老化，得到 BNT 溶胶。

（4）向溶胶中加入氨水，得到 BNT 凝胶；然后在 100～140℃的烘箱中干燥，得到干凝胶。

（5）干凝胶在 600～800℃条件下进行热处理，即得目标产物。

2. 样品的表征

用多晶 X 射线粉末衍射仪分析所得粉末的相组成。

【结果与讨论】

（1）分析氨水的量对形成凝胶的影响。

（2）分析温度对溶胶-凝胶法制备 BNT 粉体 XRD 衍射特征的影响。

【预习思考题】

1. 为什么温度会影响产物的 XRD 衍射图？

2. 压电陶瓷材料的合成方法有哪些？

【参考文献】

[1] 王海震，王秀峰等．温度对溶胶-凝胶法制备 $Bi_{0.5}Na_{0.5}TiO_3$粉体 X 射线衍射特征的影响 [J]．硅酸盐通报，2010，29 (1)：142-146.

[2] 苏鑫明，王习东等．$(Bi_{0.5}Na_{0.5})TiO_3$(BNT) 基无铅压电陶瓷研究进展 [J]．材料导报，2006，20 (5)：37-40.

[3] 高峰，张昌松，王为民等．$(Na,K)_{0.5}Bi_{0.5}TiO_3$无铅压电陶瓷的结构与性能研究 [J]．材料工程，2006，(10)：43-47.

[4] 陈志武，卢振亚．$Bi_{0.5}Na_{0.5}TiO_3$基无铅压电陶瓷设计与制备研究的新进展 [J]．硅酸盐学报，2006，34 (12)：1514-1519.

实验 5　溶胶-凝胶法制备半导体材料氧化锌

【实验目的】

1. 掌握溶胶-凝胶法基本原理。

2. 了解纳米材料的制备方法。

【背景介绍】

纳米 ZnO 是近年来发现的一种性能较佳的新材料，是极少数几种可以实现量子尺寸效应的氧化物半导体材料。随着对纳米 ZnO 的深入研究，由于 ZnO 粒子的超细化，使其呈现出传统 ZnO 所不具备的特殊性能，如无毒和非迁移性、荧光性、压电性、吸收和散射紫外线能力等，因而具有广阔的应用前景。如利用纳米 ZnO 的紫外屏蔽能力，可制成紫外线屏蔽材料、防晒霜、雷达吸波材料；另外，纳米 ZnO 还可成为图像记录材料、压电材料、导电材料等。因此，制备性能优越的 ZnO 纳米粉体成为关键。纳米微粒的制备方法主要包括沉淀法、水解法、喷雾法、水热法、乳液法、溶胶-凝胶法等，尽管沉淀法制备技术应用已取得了一定的进展，并且部分纳米材料诸如纳米碳酸钙、硅基氧化物等形成了产业化，但同时存在纳米粉体的易团聚、粒径大小不均匀、纯度低以及性能不稳定等问题。本实验主要探索纳米氧化锌粒子的溶胶-凝胶法制备。

【仪器与试剂】

试剂：乙酸锌［$Zn(Ac)_2 \cdot 2H_2O$］，柠檬酸铵，无水乙醇，氨水，均为分析纯。

仪器：电子天平，恒温磁力搅拌器，真空干燥箱，管式气氛炉，烧杯等玻璃仪器。

【实验步骤】

1. 样品的制备

(1) 配制一定浓度的乙酸锌溶液，加入柠檬酸铵，搅拌均匀后，置于恒温水槽中，在 60～90℃下搅拌，滴加无水乙醇。

(2) 待乙酸锌完全水解后，逐渐生成 $Zn(OH)_2$ 沉淀，然后加入适量的 $NH_3 \cdot H_2O$，使 $Zn(OH)_2$ 溶解，从而形成 $Zn(OH)_2$ 溶胶。

(3) 静置后变为 $Zn(OH)_2$ 湿凝胶，将干燥后的 $Zn(OH)_2$ 干凝胶置于马弗炉中煅烧之后，得到白色的纳米 ZnO 粉末。

2. 样品的表征

(1) 将得到的样品粉末与 KBr 混合后压片，用红外光谱仪在 400～4000cm^{-1} 分析样品的 FTIR 谱，测定氧化锌前驱体及产物的化学组成。

(2) 用激光粒度分布仪测定氧化锌微粒的粒径和粒度分布。

(3) 用多晶 X 射线粉末衍射仪考察氧化锌微粒晶体的晶型结构。

(4) 用扫描电镜观察氧化锌微粒的尺寸和形状。

【结果与讨论】

(1) 反应物浓度及溶剂用量　探索不同乙醇用量下的成胶及胶体稳定性状况（表 3-1）。原料用量为：$Zn(Ac)_2 \cdot 2H_2O = 11g$，$(NH_4)_3C_6H_5O_7 = 5.5g$。

(2) 改性剂的用量　在实验中探索柠檬酸三铵的用量对 $Zn(OH)_2$ 溶胶成胶的影响（表

3-2)。原料用量为：$Zn(Ac)_2 \cdot 2H_2O$=11g。

表 3-1 溶剂用量对溶胶的形成及稳定性的影响

序号	C_2H_5OH/mL	H_2O/mL	溶胶形成时间/h	溶胶稳定性
1	35	50		
2	50	50		
3	85	50		
4	125	50		
5	150	50		

表 3-2 柠檬酸三铵的用量对 $Zn(OH)_2$ 成胶状态的影响

序号	柠檬酸三铵/g	溶胶状态	序号	柠檬酸三铵/g	溶胶状态
1	0		4	7	
2	3		5	8.5	
3	5.5		6	10	

(3) 煅烧温度的影响　真空干燥后的 $Zn(OH)_2$ 干凝胶，经煅烧后可以得到纳米 ZnO 粉体。而煅烧温度和时间的选择，对于纳米 ZnO 最终产物的品质至关重要。400℃左右时，$Zn(OH)_2$ 凝胶就完全分解，因此我们一般采用的煅烧温度都在 400℃以上，煅烧时间都选定为 2h，本实验探讨不同煅烧温度对纳米 ZnO 的外观的影响（表 3-3）。

表 3-3 不同煅烧温度下纳米 ZnO 的外观

温度/℃	400	500	600	800
ZnO 外观				

(4) 分析红外光谱图，对各峰进行归属。

(5) X 射线衍射分析，将实验结果与标准卡片进行对比。

【预习思考题】

1. 写出各阶段的反应方程式。
2. 纳米 ZnO 微粒的制备方法都有哪些?

【参考文献】

[1] 董少英，唐二军等．溶胶-凝胶法制备纳米氧化锌 [J]．河北化工，2008，31 (9)：26-27.
[2] 祖庸，雷阎盈，王训．纳米氧化锌的奇妙用途 [J]．化工新型材料，1997，27 (3)：14-16.
[3] Martin J，Dadon D，Rosen M. Am. Ceram. Soc. [J]．1996，79 (10)：2652-2658.
[4] Tang E J，Liu H，Sun L M. European Polymer Journal [J]．2007，(10)：4210-4218.
[5] 曹茂盛．超微颗粒制备科学与技术 [M]．哈尔滨：哈尔滨工业大学出版社，1998：56.

实验 6　溶胶-凝胶法制备半导体材料二氧化钛

【实验目的】

1. 掌握溶胶-凝胶法基本原理。

2. 了解纳米 TiO_2 的制备方法。

【背景介绍】

纳米 TiO_2 是一种 n 型半导体材料，晶粒尺寸介于 1～100nm，其晶型有两种：金红石型和锐钛矿型。由于纳米 TiO_2 比表面积大，表面活动中心多，因而具有独特的表面效应、小尺寸效应、量子尺寸效应和宏观量子隧道效应等，呈现出许多特有的物理、化学性质，在涂料、造纸、陶瓷、化妆品、工业催化剂、抗菌剂、环境保护等行业具有广阔的应用前景。

纳米 TiO_2 的制备方法可归纳为物理方法和化学方法。物理制备方法主要有机械粉碎法、惰性气体冷凝法、真空蒸发法、溅射法等；物理化学综合法又可大致分为气相法和液相法。目前的工业化应用中，最常用的方法还是物理化学综合法。本实验主要讨论溶胶-凝胶法制备纳米二氧化钛的影响因素。

【仪器与试剂】

试剂：钛酸丁酯，无水乙醇，95%乙醇，冰醋酸，均为化学纯。

仪器：电子天平，恒温磁力搅拌器，真空干燥箱，管式气氛炉，烧杯等玻璃仪器。

【实验步骤】

1. 样品的制备

(1) 取 10mL 钛酸丁酯加入到盛有 20mL 无水乙醇的分液漏斗中混匀，得到溶液 A。

(2) 另取 5mL 冰醋酸和 20mL 95%乙醇混匀得到溶液 B。

(3) 将 A 溶液逐滴加入到 B 溶液中，并用磁力搅拌器强力搅拌，得到透明的胶体。

(4) 在室温下老化 2～10 天，得到凝胶，再在烘箱中 110～120℃进行干燥，得到干凝胶。

(5) 将干凝胶研磨成粉，再在 400～700℃下煅烧，得到目标产物二氧化钛。

2. 样品的表征

(1) 用激光粒度分布仪测定 TiO_2 微粒的粒径和粒度分布。

(2) 用红外光谱仪在 400～4000cm^{-1} 分析样品的 FTIR 谱。

【结果与讨论】

(1) 分析红外光谱图，对各峰进行归属。

(2) 设计四因素三水平的正交实验（表 3-4），确定本实验的最佳实验条件。影响最后纳米二氧化钛的产率和质量的 4 个因素为钛酸丁酯的溶解速度、胶体放置时间、煅烧时间、煅烧温度。

表 3-4　二氧化钛制备的正交实验表

序号	钛酸丁酯溶解速度/min	凝胶放置时间/天	煅烧时间/h	煅烧温度/℃	产率/%
1					
2					
3					
…					

(3) 分析 TiO_2 微粒的粒径和粒度分布。

【预习思考题】

1. 写出各阶段的反应方程式。

2. 了解纳米 TiO_2 的制备方法都有哪些?

【参考文献】

[1] 杨小林，黄一波．溶胶凝胶法制备纳米二氧化钛的工艺条件研究 [J]．化工时刊，2008，22 (9)：26-27.

[2] 赵小远．纳米 TiO_2 的制备及其应用 [J]．稀有金属与硬质合金，2003，31 (1)：25-27.

[3] 邵艳群，唐电，陈士仁．纳米二氧化钛的制备技术 [J]．氯碱工业，1997，(11)：35-41.

[4] 杨宗志．超微细二氧化钛——一种前景广阔的新型化工材料 [J]．现代化工，1994 (1)：38-40.

[5] 赵文宽，方佑龄，张开诚，王怡中．高热稳定性锐钛矿型 TiO_2 纳米粉的制备 [J]．无机材料学报，1998，13 (4)：608-612.

实验7 溶胶-凝胶法制备稀土材料二氧化铈

【实验目的】

1. 掌握纳米材料溶胶-凝胶法的原理。

2. 了解二氧化铈的制备方法。

【背景介绍】

稀土氧化物 CeO_2 是一种廉价而用途极广的材料，可用作催化剂、抛光粉、紫外吸收材料、发光材料、电子陶瓷及特种玻璃等。随着稀土新材料的迅速发展和广泛应用，纳米化后的 CeO_2 具有新的性质和新的用途。

目前围绕纳米 CeO_2 的制备已有一些报道，如化学沉淀法，溶胶-凝胶法，水热法，微乳液法，喷雾反应法等，但纳米 CeO_2 的制备研究仍处于实验室阶段。在今后的研究中人们将寻求一种适合纳米 CeO_2 大批量生产的有效方法。

【仪器与试剂】

试剂：柠檬酸，硝酸亚铈，偏钒酸铵，均为分析纯。

仪器：电子天平，恒温磁力搅拌器，真空干燥箱，管式气氛炉，烧杯等仪器。

【实验步骤】

1. 样品的制备

(1) 配制一定浓度的柠檬酸水溶液，取一定量的此溶液到烧杯中，调节溶液的 pH 值。

(2) 加入一定量的硝酸亚铈待其完全溶解后，加入一定量的偏钒酸铵。

(3) 经磁力搅拌器搅拌一段时间，置于一定浓度的水浴温度下反应，恒温脱水形成半干凝胶。

(4) 然后烘箱中烘干，研磨后在马弗炉中焙烧，即得黄色 CeO_2 粉末。

2. 样品的表征

(1) 用多晶 X 射线粉末衍射仪分析所得粉末的物相。

(2) 用扫描电镜观察样品的表面形貌、大小及分布。

【结果与讨论】

(1) 原料配比的影响　硝酸亚铈与柠檬酸的配比对产物的粒径、比表面积等性质有着显著影响。考察硝酸亚铈与柠檬酸的摩尔比为 1∶1～1∶4 范围内，配比对产物粒径的影响。

(2) 成胶温度的影响　成胶温度对粒子的分散情况影响较大，低温反应不易成胶；高温反应成胶快，但易成块，不均匀。在 50～90℃ 范围内，通过实验确定合适的成胶温度，并解释原因。

(3) 焙烧温度的影响　为考察焙烧温度对合成纳米 CeO_2 的影响，在 400～600℃ 范围内，焙烧 2h 的 CeO_2 样品进行 X 衍射和 SEM 分析。

(4) V^{5+} 掺杂浓度的影响　实验研究表明，V^{5+} 的掺入量对所制备纳米 CeO_2 粉体的结晶度、颗粒分散性具有较大影响。在相同条件下制备 V^{5+} 掺量为 1%～5%（摩尔分数）的 CeO_2 粉体。对所制备的样品进行 X 射线粉晶衍射分析，并解释原因。

【预习思考题】

1. 写出各阶段的反应方程式。

2. 了解纳米 CeO_2 的制备方法。

【参考文献】

[1] 张伟，邱克辉等．溶胶-凝胶法制备纳米二氧化铈 [J]．技术与市场，2008，(4)：60-61.

[2] Swiichiro Imamura，Hiroyuki Yamada，Kazunori Utani. Combustion activity of Ag/ CeO_2 composite catalyst [J]. AppliedCatalysis A，2000，68：188-192.

[3] Qiu K H，Wang Y R，Zhang P C，et al. Preparation of CeO_2 Nanophoyocatalyst Using Precipitation Method [J]. Mater. Sci. Forum，2007，119：544-545.

[4] Kuo L Y，Shen P Y. Shape dependent coalescence and preferred orientation of CeO_2 nanocrystallites [J]．Materials Science and Engineering，2000 (A)，277：258-265.

实验 8　溶胶-凝胶法在金刚石表面涂覆纳米 TiO_2 薄膜

【实验目的】

1. 掌握溶胶-凝胶法在表面镀膜的方法。

2. 了解金刚石表面改性的类型。

【背景介绍】

工业金刚石颗粒非常细小，需要依靠结合剂的作用，在高温下烧结，才能将大量的金刚石颗粒黏结在一起，最终制成符合使用要求、具有实际应用价值的加工工具。在陶瓷结合剂金刚石砂轮制备过程中，由于金刚石石墨化温度较低，烧结温度通常达不到结合剂要求，金刚石颗粒仅被机械地镶嵌在结合剂中，因此在使用过程中金刚石颗粒极易脱落使金刚石利用率大为降低。解决以上问题的主要途径是通过金刚石基体表面改性，如在较低镀覆温度下在磨料表面镀覆一层保护膜，增强金刚石的抗氧化能力。

目前，国内外许多厂家普遍采用金刚石表面镀覆金属（即金刚石表面金属化）以改善其氧化性能，如用真空蒸发镀、电镀、磁控溅射等工艺在金刚石表面镀覆金属 Ti、Mo、W、Cr 等。但上述工艺在金刚石表面镀膜时对环境污染严重，镀膜过程中需要消耗大量电能，同时仪器设备昂贵，操作条件复杂。本实验通过溶胶-凝胶法制备 TiO_2 溶胶，采用浸渍的方法在超硬磨料金刚石表面涂覆 TiO_2 薄膜。该工艺具有节约能源、设备简单以及操作方便等优点。

【仪器与试剂】

试剂：钛酸丁酯，三乙醇胺，95%乙醇，丙酮，以上均为分析纯，金刚石 C（工业级，破碎料）。

仪器：电子天平，恒温磁力搅拌器，真空干燥箱，管式气氛炉，烧杯等玻璃仪器。

【实验步骤】

1. TiO_2 溶胶的制备

（1）将 10mL 三乙醇胺加入到 30mL 钛酸丁酯溶液中，搅拌均匀，然后加入无水乙醇 150mL，混合均匀后高速搅拌 1～3h。

（2）往混合液中缓慢滴加 10mL 95%乙醇，继续高速搅拌 1～3h 后静置 1～3 天。

2. 金刚石表面涂膜

（1）将金刚石基体浸泡于 TiO_2 溶胶中，静置 1min 后用注射器吸取溶胶，采用 1～3mm/s 的提拉速度。

（2）将所得金刚石基体置于 80℃烘箱中干燥 10min，再冷却重复浸渍-提拉涂膜。

（3）涂膜完成后，对金刚石进行后期的热处理：先在马弗炉内以 3℃/min 的升温速度升至 100℃下保温 30min，然后将炉温以 4℃/min 的升温速度升至预定热处理温度（500～600℃），保温 1h 后在炉内自然冷却，即可制得表面涂覆 TiO_2 薄膜的金刚石。

3. 样品的表征

（1）用红外光谱仪检测 TiO_2 薄膜成键情况。

（2）用热分析仪对试样进行差热分析检测。

（3）用能谱仪对试样的指定区域进行元素分析。

(4) 用扫描电镜观察涂膜和未涂膜的金刚石表面形貌。

【结果与讨论】

(1) SEM分析，观察涂膜前后金刚石表面的形貌。

(2) EDS谱图分析，测定涂膜金刚石表面元素的含量及种类。

(3) 红外光谱分析，对比涂膜前后金刚石的红外光谱变化并进行解释。

(4) 差热分析，对比金刚石和涂覆有 TiO_2 薄膜的金刚石的综合热分析图谱并进行解释。

【预习思考题】

1. 举例说明金刚石表面改性的方法有哪些?
2. 溶胶-凝胶法在材料表面改性方面的应用还有哪些?

【参考文献】

[1] 胡伟达，万隆等．溶胶-凝胶法在金刚石表面涂覆纳米 TiO_2 薄膜 [J]．湖南大学学报（自然科学版)，2008，35 (8)：55-58.

[2] 万隆，陈石林，刘小磐等．超硬材料与工具 [M]．北京：化学工业出版社，2006.

[3] 高涛，彭伟，姚春燕．金刚石表面处理的应用和发展 [J]．金刚石与磨料磨具工程，2004，(3)：6-9.

[4] 王秦生，王小军．金刚石表面镀层在磨具中的作用机理 [J]．金刚石与磨料磨具工程，2006，(5)：5-9.

实验9　溶胶-凝胶法制备SiC陶瓷

【实验目的】

1. 掌握溶胶-凝胶法制备SiC陶瓷的原理。

2. 了解SiC陶瓷的制备方法和应用。

【背景介绍】

近年来，随着SiC陶瓷制造技术的不断改进，其性能不断提高，应用范围也越来越广。目前，SiC陶瓷以其优异的抗热震、耐高温、耐磨损、耐热冲击、高热导、高硬度、抗氧化和耐化学腐蚀以及热稳定性好等特性，已经在许多工业领域获得大量应用，并日益展示出其他结构陶瓷所无法比拟的优点。

由SiC超细粉制得的部件具有更为优良的耐高温强度和耐磨性，因此SiC超细粉作为结构材料广泛应用于石油、化工、机械、微电子、汽车、航空、航天、钢铁、造纸、激光、核能及加工等工业领域。当前国内外制备SiC粉末的方法有很多，如激光诱导化学气相沉积法(LICVD法)、等离子体法、高能球磨法等；但这些方法或需要专门的设备，或工艺复杂，导致制造成本提高，无法适应工业化生产。采用溶胶-凝胶法制备的超细SiC粉体的前驱体，具有化学均匀性好、纯度高、颗粒细、可容纳不溶性组分或不沉淀组分、烧结温度低等优点，再利用高温碳热还原法制备SiC超细粉是一个较为简便的方法。因此，本实验以工业上简单易得的正硅酸乙酯和活性炭为原材料，采用溶胶-凝胶法以水和无水乙醇为介质制备SiC前驱体，再利用碳热还原法合成SiC超细粉体。

【仪器与试剂】

试剂：正硅酸乙酯（TEOS)，氨水，无水乙醇，均为分析纯，活性炭（粒度300～600nm)。

仪器：电子天平，恒温磁力搅拌器，真空干燥箱，管式气氛炉，烧杯等仪器。

【实验步骤】

1. 样品的制备

(1) 按正硅酸乙酯与活性炭的摩尔比为1∶3的比例，先将活性炭加入到水和无水乙醇混合溶液中，然后加入不同量的氨水，充分搅拌混合后以1mL/min的速度滴入TEOS乙醇溶液。

(2) 在室温下陈化1～2天至出现胶体状态；再将凝胶经离心、过滤、洗涤多次后，在70～90℃恒温干燥箱内干燥；得到前驱体。

(3) 取上述样品粉末于管式气氛炉中，以5℃/min的升温速度，在氩气保护下，在不同温度（1300～1700℃）下进行合成，保温时间为50～80min，得到SiC粗品。

(4) 将粗品在600～700℃空气中保温30～50min以去除残余的C，之后用40％（质量分数）的HF洗去未反应的SiO_2，即得目标产物SiC。

2. 样品的表征

(1) 前驱体的热分解过程用热分析仪进行表征。

(2) 用多晶X射线粉末衍射仪分析所得粉末的相组成。

(3) 用扫描电镜观察样品的表面形貌、大小及分布。

【结果与讨论】

（1）分析反应的 TGA 曲线，对分解过程进行解释，并与理论失重量进行对比。

（2）观察样品的微观形貌。

【预习思考题】

1. 写出各阶段的反应方程式。

2. 计算反应的理论失重量。

【参考文献】

[1] 裘荣鹏，才庆魁，张宁．溶胶-凝胶工艺对 SiC 粉体形貌的影响［J］．东北大学学报（自然科学版），2008，29（2）：225-228.

[2] Pierre M. Silicon carbide and silicon carbide based structures：the physics of epitaxy［J］．Surface Science Reports，2002，48：1-51.

[3] Zhu X W，Jiang D L，Tan S H. Improvement in the strength of reticulated porous ceramics by vacuum degassing［J］. Materials Letters，2001，51：363-367.

实验10　溶胶-凝胶法合成锂离子电池正极材料$LiMn_2O_4$

【实验目的】

1. 掌握溶胶-凝胶法基本原理。

2. 了解$LiMn_2O_4$的制备方法。

【背景介绍】

相比镍氢，镍镉，铅酸电池，锂离子二次电池具有高的体积能量密度和质量能量密度，工作电压高，无记忆效应，循环寿命长。锂离子电池正极材料主要有$LiCoO_2$、$LiNiO_2$、尖晶石型$LiMn_2O_4$和$LiFePO_4$，其中$LiMn_2O_4$由于锰资源丰富，价格低廉，合成工艺简单，对环境友好，而且所具有的独特的三维隧道结构有利于锂离子的嵌入与脱出。虽然$LiMn_2O_4$的理论容量只有148mAh/g，但是它的可利用率却很高，能达到120mAh/g，所以$LiMn_2O_4$成为了极具发展前途的锂离子电池正极材料。

然而锰酸锂循环过程中的巨大容量衰减却阻止了它的商业化应用。目前的主要研究认为影响其循环性能的主要因素有以下几个：(1) John-Teller歧化效应导致的晶相由立方向四方晶相转变；(2) 锰离子在电解质中的溶解；(3) 电解质的分解。通过掺杂金属阳离子，表面包覆金属氧化物和碳包覆以及改进合成方法可以有效改善它的电化学循环性能。传统固相法合成的粉体颗粒大，且物料不能混合均匀，从而会导致其电化学循环性能差。因此各种低温的液相法被相继采用。

通过共沉淀法合成$LiMn_2O_4$材料，有很好的电化学性能。本实验通过EDTA溶胶-凝胶法制备了正极材料$LiMn_2O_4$超细粉体，采用热分析测试，X射线衍射等表征手段确定锰酸锂的工艺条件。

【仪器与试剂】

试剂：乙酸锰，硝酸锂，EDTA，柠檬酸，氨水，均为分析纯。

仪器：电子天平，恒温磁力搅拌器，真空干燥箱，管式气氛炉，烧杯等玻璃仪器。

【实验步骤】

1. 样品的制备

(1) 按化学计量比称取乙酸锰、硝酸锂，加水溶解，称取一定量的EDTA和柠檬酸(CA)加入到上述溶液中(溶液中阳离子，EDTA，CA的摩尔比为1∶1∶1.5)，用氨水调节溶液pH值使溶液澄清，搅拌反应1～2h。

(2) 混合溶液体系在70～90℃下搅拌蒸发得到凝胶，所得凝胶在110～130℃条件下干燥，得到前驱体。

(3) 前驱体在不同温度下煅烧6～10h，即为目标产物$LiMn_2O_4$。

2. 样品的表征

(1) 采用热重分析仪观察前驱体在升温过程中的变化，以初步确定$LiMn_2O_4$的煅烧温度。

(2) 用多晶X射线粉末衍射仪表征合成样品的结构。

【结果与讨论】

(1) 分析前驱体的TGA曲线，初步确定合成纯相的最佳煅烧温度。

（2）对比煅烧温度分别为600℃、700℃、800℃时合成粉体的 XRD 图谱。

【预习思考题】

了解锂离子电池正极材料的种类和制备方法。

【参考文献】

刘桥生，余灵辉等．溶胶-凝胶法合成锂离子电池正极材料 $LiMn_2O_4$［J］．化工新型材料，2010，38（2）：90-92.

第4章　水热和溶剂热法实验

“水热”（hydrothermal synthesis）一词最早是在1849年英国地质学家Murchisin在研究地壳热液演化时使用的。系统的水热研究是Morey G W和他的同事于1900年在华盛顿地球物理实验室进行的相平衡研究。他们表征了水热合成理论，并研究了众多的矿物系统。现在单晶生长和陶瓷粉体制备都是在这一基础上建立起来的。

水热法是指在高温、高压下，在超临界或亚临界水溶液中，通过溶液中的化学反应来制备各种功能材料的方法。这种合成通常需在一定温度（100～1000℃）和压力（10～100MPa）条件下，通过溶液中的物质化学反应来完成。

水热反应一般需要矿化剂参与，矿化剂通常是一类在水中的溶解度随温度的升高而持续增大的化合物，如一些低熔点的盐、酸或碱。加入矿化剂可增大反应物的溶解度，参与结构重排或加速化学反应。与其他合成方法相比，水热合成具有如下优点：①反应条件温和，可获得具有低维度和低对称性的开放结构物相；②由于在水热条件下特殊中间态以及特殊相易于生成，因此能合成出具有特殊结构或特种凝聚态的新化合物；③可以合成亚稳相和低温相；④水热的低温、等压、溶液条件下，有利于生长具有平衡缺陷浓度、规划取向、晶体完美的晶体材料，且合成产物纯度高。水热反应中，纳米粉体的形成经历了一个溶解-结晶过程，所制得的纳米粉体晶化好、粒度小、粒径分布窄、团聚程度轻、不需高温煅烧处理，避免了此过程中晶粒长大、缺陷形成和杂质的引入，使所得产物保持了较高的烧结活性。由于水热法在制备纳米粉体时具有的上述优点，近年来，利用该方法制备纳米粉体日益受到人们的关注。

高温高压下水热反应具有三个特征：第一是使重要离子间的反应加速；第二是使水解反应加速；第三是使其氧化还原电势发生明显变化。在高温高压水热体系中，水的性质将产生下列变化：①蒸汽压变高；②密度变低；③表面张力变低；④黏度变低；⑤离子积变高。一般化学反应可区分为离子反应和自由基反应两大类。水是离子反应的主要介质，在高温高压水热反应条件下，即使在常温下不溶于水的矿物或其他有机物的反应，也能诱发离子反应或促进反应。水热反应加剧的主要原因是水的电离常数随水热反应温度的上升而增加。

高温高压下水的作用可归纳如下：①作为化学组分起化学反应；②反应和重排的促进剂；③起压力传递介质的作用；④起溶剂作用；⑤起低熔点物质的作用；⑥提高物质的溶解度；⑦有时与容器反应；⑧无毒。

水热法在功能材料合成领域中已有广泛应用，诸如磁性材料、催化剂材料、光学材料（如非线性光学材料、复合氟化物发光材料）、电子材料、离子传输材料、高纯陶瓷材料、建筑材料、研磨材料、医药、颜料、切削工具材料、宝石等均可由水热合成获得。

溶剂热法与水热法的不同在于前者的反应介质多为非水的有机溶剂。由于有机溶剂种类繁多，性质差异很大，为合成提供了更多的选择机会。据报道，一些对水敏感物、材料介稳相以及一系列非氧化物，如氮化物、磷化物、砷化物、硒化物、碲化物等均已成功地从有机溶剂中合成出来。在溶剂热合成中，选择合适的溶剂，可以制得表面羟基很少甚至没有表面羟基的纳米粉体，这将有助于这些纳米粉体的实际应用。同时，由于有机溶剂的极性弱，许多无机离子很难溶解在其中，这样有利于保证产物的高纯度。

溶剂热反应中常用的溶剂有：乙二胺、甲醇、乙醇、二乙胺、三乙胺、吡啶、苯、甲苯、二甲苯、1,2-二甲氧基乙烷、苯酚、氨水、四氯化碳、甲酸等。在溶剂热反应过程中溶剂作为一种化学组分参与反应，既是溶剂，又是矿化剂，同时还是压力传递媒介。

【参考文献】

[1] 冯守华．水热与溶剂热合成化学［J］．吉林师范大学学报（自然科学版），2008，3：7-11.
[2] 徐如人，庞文琴．无机合成与制备化学［M］．北京：高等教育出版社，1987：1-47.
[3] 王敦青．M-S（M：Ni、Zn）化合物纳米材料的溶剂热合成与表征［D］．山东大学硕士学位论文，2003，6：4-9.

实验 11　半导体材料 ZnO 超细结构的水热自组装

【实验目的】

1. 了解水热法制备纳米粉体的实验原理。
2. 掌握水热法纳米氧化锌的制备过程和化学反应原理。
3. 了解反应条件对实验产物形貌的影响，并会对实验产物进行表征分析。

【背景介绍】

维数和形貌可控的半导体超细结构对光电器件的制作非常重要。随着微电子器件的不断小型化，一维纳米材料如纳米管、纳米线、纳米棒等，由于具有显著的物理和化学性质以及潜在的应用前景吸引了众多研究小组的广泛兴趣。在各种一维纳米材料中，ZnO 纳米材料作为一种重要的宽禁带半导体功能材料，越来越受到人们的关注。

ZnO 是Ⅱ-Ⅵ族化合物中被广泛研究和应用的另一种 n 型半导体材料。其室温下带隙宽度为 3.37eV，激子束缚能高达 60meV，远远高于 GaN (28meV)。在紫外波段具有强的自由激子跃迁发光，且具有很好的化学稳定性、近紫外发射和光学透明电导率等。氧化锌属六方晶系，纤锌矿结构，空间群为 C_{6v}^4，晶体中 Zn 原子按六方紧密堆积排列，每个锌原子周围有四个氧原子，构成 $[ZnO_4]^{6-}$ 配位四面体。在自然界中 ZnO 主要以红锌矿形式存在，另存在极少的 ZnO 单晶。常温下，ZnO 是白色粉末，密度 5.60g/cm^3，熔点 1975℃，1800℃升华。由于 ZnO 晶体中存在额外的 Zn^{2+} 占入间充位置而产生金属过量缺陷，导致加热时变为黄色，冷却后又变为白色。

未经掺杂的 ZnO 的电导率在 400℃ 约为 $4\times10^{-3}\Omega^{-1}$/cm，而掺杂后电导率大大提高，P. R. Wang 等研究发现，经过 Ga 修饰的 ZnO 粉体的电导率在 25℃时高达 $300\Omega^{-1}$/cm，提高了 1000 多倍。最近有人提出，由于 ZnO 与 GaN 和 InGaN 类质同晶且具有良好的晶格匹配性，可作为 GaN 和 InGaN 取向生长的代用基质。

ZnO 除可以广泛地应用于气体传感器、变压器、电声能量转换器等各种光学装置外，还可作为透明导电氧化物、压电材料、短波发射器、光电极、阴极发光器等，还因其在室温下可产生激射现象而引起人们的广泛关注。

近年来，由于 ZnO 的优异性质使其在场发射、光催化、气体传感器、太阳能电池等领域具有潜在的应用价值，从而使制备新的 ZnO 超细结构受到进一步关注。

目前，除了传统的固相、液相热分解反应外，用于氧化锌微晶的制备和尺寸、形貌控制的主要方法有：共沉淀法、醇盐水解法、水/溶剂热法等。

水/溶剂热法合成 ZnO 粉体能在较低温度下得到晶化度好的粉体，而且通过控制温度、时间、溶液的 pH 值、添加剂等反应条件可以控制粉体产物的形貌、颗粒大小等性质。

【实验原理】

制备氧化锌常用的原料是可溶性的锌盐，如硝酸锌 $Zn(NO_3)_2$、氯化锌 $ZnCl_2$、乙酸锌等。常用的沉淀剂有氢氧化钠(NaOH)、氨水($NH_3\cdot H_2O$)、尿素 $[CO(NH_2)_2]$ 等。一般情况下，锌盐在碱性条件下产生 $Zn(OH)_2$ 沉淀，不直接得到氧化锌晶体，要得到氧化锌晶体通常需要进行高温煅烧。利用水热法可以在较低的温度下得到 ZnO。

在氨水和无水乙二胺存在的情况下，ZnO 的形成机理可以归于前驱体 $Zn(NH_3)_4{}^{2+}$ 的分解。在水热条件下，反应过程可以表示如下：

$$H_2NCH_2CH_2NH_2+4H_2O \longrightarrow [H_4NCH_2CH_2NH_4]^{4+}+4OH^- \quad (1)$$

$$Zn(NH_3)_4{}^{2+}+2OH^- \longrightarrow ZnO+4NH_3+H_2O \quad (2)$$

$$Zn^{2+}+2OH^- \longrightarrow Zn(OH)_2 \longrightarrow ZnO+H_2O \quad (3)$$

在无氨水加入的条件下，通过反应式(1) 和 (3) 仅仅得到无序的 ZnO 纳米棒簇，加入氨水后，Zn^{2+}很快与 $NH_3 \cdot H_2O$ 反应生成前驱体 $Zn(NH_3)_4^{2+}$。同时，无水乙二胺在水溶液中容易水解得到带两个正电荷的$^+H_4NCH_2CH_2NH_4^+$ [见方程式(1)]，在库仑力作用下，$^+H_4NCH_2CH_2NH_4^+$能够吸附在 ZnO 的非极性面，抑制了其生长速度，促使 ZnO 晶核沿 [001] 方向生长，导致了 ZnO 纳米棒的形成。这与 ZnO 传统的生长模型一致，即 ZnO 晶体的最大生长速度为 c 轴方向。此外，溶液的碱度在无机材料的可控合成中非常重要，特别是对花状结构。

在本实验条件下，根据反应式(2)，NH_3作为副产物之一，在过饱和溶剂中能阻止晶核的聚集，因此导致了分散相 ZnO 结构。同时，为了降低表面的自由能，ZnO 纳米棒通过组装，最终形成花状的 ZnO 结构。随着氨水浓度的增大，溶液的 pH 值发生变化，可以得到不同的花状 ZnO 结构。

【仪器与试剂】

试剂：硝酸锌 [$Zn(NO_3)_2 \cdot 6H_2O$]，无水乙二胺，氨水，乙酸锌 ($ZnAc_2 \cdot 2H_2O$)，乙二醇，均为分析纯。

仪器：反应釜，烧杯，磁力搅拌器，干燥箱，离心机，TEM，SEM，XRD。

【实验步骤】

1. 水热合成的具体实验过程

实验方法一：花状结构 ZnO 的制备

(1) 将浓度为 0.5mol/L 的六水硝酸锌溶液和无水乙二胺在磁力搅拌下形成均一的前驱体（六水硝酸锌与无水乙二胺的摩尔比为 1∶2），在不断搅拌条件下，将氨水缓慢加入到上述溶液中调节 pH 值 (pH=9.0，10.5，12)，继续搅拌约 15min。

(2) 将上述各种不同 pH 值条件下的前驱体溶液加入到聚四氟乙烯反应釜中，填充到总体积的 75%，密封反应釜在 180℃下保温 10h，自然冷却到室温后取出。得到的白色粉末样品离心分离，分别用去离子水和无水乙醇离心洗涤 3 次。

(3) 将所得样品在 60℃的烘箱中干燥 4h。

实验方法二：ZnO 微球的制备

将一定量的 (0.5mmol，0.75mmol，1.0mmol) $ZnAc_2 \cdot 2H_2O$ 分别溶解在 5mL 去离子水中，向其中加入 20mL 乙二醇，搅拌 10min 后，将该溶液转移到聚四氟乙烯的反应釜中，填充到总体积的 75%，密封，100℃加热 10h，自然冷却到室温，得到白色沉淀，离心后，沉淀分别用无水乙醇、蒸馏水洗涤 3 次，60℃干燥 4h，得到白色粉体。

$$ZnAc_2+2H_2O \longrightarrow Zn(OH)_2+2HAc$$

$$Zn(OH)_2 \longrightarrow ZnO+H_2O$$

2. 样品表征

(1) XRD 表征：用 X 射线粉末衍射仪进行晶相分析，扫描速度 4°/min，扫描范围 10°～80°。

(2) 用扫描电子显微镜（SEM）或透射电子显微镜（TEM）观察产物的形貌、大小及粒度分布。

(3) 用荧光光谱仪测定所制备 ZnO 的发光光谱和激发光谱。

【结果讨论】

1. 根据所得的 XRD 数据，分析产物的组成、晶相、不同反应条件下的 XRD 数据比较。

2. 就产物的表面形貌、大小及粒度分布等结果分析实验条件对产物的影响，分析反应原理及可能的反应机理。

3. 分析所制备 ZnO 的发光性质。

【参考文献】

[1] 江浩，胡俊青，顾锋，李春忠．花状 ZnO 超细结构的水热自组装 [J]．无机材料学报，2009，24 (1)：69-72.

[2] 杨合情，李丽，宋玉哲等．ZnO 纳米片自组装空心微球的无模板水热法制备与发光性质 [J]．中国科学 B 辑：化学，2007，37 (5)：417-425.

实验 12 硫化锌的溶剂热合成与表征

【实验目的】

1. 了解水热法制备纳米粉体的实验原理。
2. 掌握水热法纳米硫化锌的制备过程和化学反应原理。
3. 了解反应条件对实验产物形貌的影响，并会对实验产物进行表征分析。

【背景介绍】

金属硫化物具有优良的电性能，广泛应用于半导体、颜料、光致发光装置、太阳能电池、红外检测器、光纤维通信等。Ⅱ-Ⅵ族半导体由于具有优异的非线性光学性质、光致发光性质、量子尺寸效应以及其他重要的物理化学性质越来越受到人们的重视，其中 ZnS 是Ⅱ-Ⅵ族化合物中被广泛研究和应用的材料之一。

ZnS 是白色粉末状固体，有两种变形体：高温变体 α-ZnS 和低温变体 β-ZnS。α-ZnS 又称纤锌矿（wurtzite，JCPDS：36-1450），属六方晶系，晶胞参数 $a_0=3.84$Å，$c_0=5.180$Å，$z=2$，α-ZnS 的晶体结构可以看作是 S^{2-} 作六方最紧密堆积，而 Zn^{2+} 只占有其中 1/2 的四面体空隙［图 4-1(a)］，配位比为 4∶4。β-ZnS 又称闪锌矿（zinc biende，JCPDS：5-566），晶体结构为面心立方［图 4-1(b)］，晶胞参数 $a=5.406$Å，$z=4$，配位比也为 4∶4。自然界中稳定存在的是 β-ZnS，在 1020℃闪锌矿转变成由闪锌矿多晶相构成的纤锌矿，在低温下很难得到 α-ZnS，ZnS 的相变温度随粉体粒径的减小而降低，当 ZnS 粒径为 2.8nm 时由立方相转变为六方相的相变温度为 400℃，远远小于 1020℃，而当颗粒由 24nm 减小到约 3nm 时，晶胞发生畸变，晶胞体积减小 2.3%，而由纳米颗粒组成的微米 ZnS 中空球在 500℃却没有发生相变。因此 ZnS 的形貌及颗粒大小对其性质有较大影响。

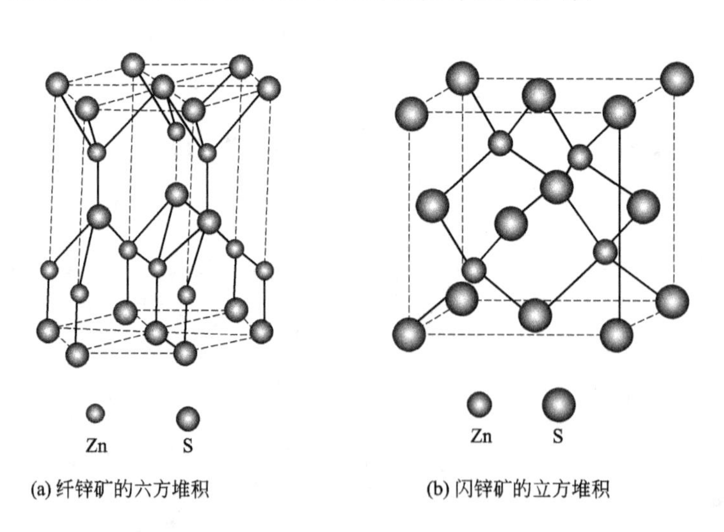

(a) 纤锌矿的六方堆积　　(b) 闪锌矿的立方堆积

图 4-1　晶体结构

立方 ZnS 在可见光范围有高的折射率（$n_{488}=2.43$，$n_{589}=2.36$），对该波段的光没有吸收。ZnS 是一种宽带隙半导体，体相材料的带隙为 3.75eV，是一种有潜力的光子材料。

作为块体材料的 β-ZnS 的熔点为 1650℃，纯度为 98%的商品级 ZnS 的相对密度为4.0～

4.1，莫氏硬度 3.0，平均粒径为 0.35μm，折射率 2.37，由于其高的折射率和耐磨性，ZnS 颜料在器材、蜡纸、金属板上作为涂层具有比较高的遮盖力。

由于纳米 ZnS 是一种光子材料，能产生光子空穴，量子尺寸效应带来的能级改变、能隙变宽使其氧化还原能力增强，同 TiO_2（锐钛矿型）、Fe_2O_3、CdS、PbS、PbSe 一样是优异的光催化半导体。

ZnS 是一种红外光学材料，在 3～5μm 和 8～12μm 波段具有较高的红外透过率及优良的光、机、热学综合性能，是最佳的飞行器双波段红外观察窗口和头罩材料。

纳米 ZnS 具有气敏性，对低浓度的还原性较强的 H_2S 有很高的灵敏度，对其他还原性相对较弱的气体的灵敏度较低，因此抗干扰能力强，有很好的应用前景。

ZnS 具有多种优异的性能，广泛应用于化工、陶瓷、光电材料、荧光材料、磷光材料、光催化、红外材料、气敏材料等诸多方面。

由于 ZnS 的诸多功能，使得 ZnS 纳米晶的合成及性质的研究成为化学及材料领域的一个热门话题。ZnS 的优异性能大都依赖于颗粒的大小、分布及形貌，因此，如何实现对其尺寸大小、粒径分布的控制以及形貌和表面修饰是研究的关键。合成 ZnS 纳米晶的基本路线和反应方法有：固相反应、液相反应及高温热解等。常见的液相反应有：气/液相沉淀反应、均相/非均相沉淀、微乳液法、水（溶剂）热法、模板法、溶胶-凝胶法等。

【仪器与试剂】

试剂：乙酸锌，尿素，氨水，硫化钠，均为分析纯。

仪器：水热反应釜，烧杯，磁力搅拌器，恒温干燥箱，分析天平，离心机，TEM，SEM，XRD。

【实验步骤】

1. 样品的制备

方法一：

（1）将 3mmol $Zn(CH_3COO)_2 \cdot 2H_2O$ 溶于蒸馏水中，在磁力搅拌下，向溶液中逐滴滴入氨水（1mL/min），直至溶液的 pH＝9～10 时为止。

（2）将上述溶液加入到聚四氟乙烯内衬的反应釜中，填充到总体积的 70%，再向反应釜中加入 4.5mmol 的 $Na_2S \cdot 4H_2O$ 和 21mmol 的尿素。

（3）将密封好的反应釜在 160℃下保温 10h。然后让炉子自然冷却至室温，得到的样品离心分离，用去离子水多次洗涤。

（4）将所得样品在 60℃的烘箱中干燥 4h。

方法二：

（1）原料和试剂

硝酸锌，$Zn(NO_3)_2 \cdot 6H_2O$；硫脲，NH_2CSNH_2；苯；正己醇；环己醇；正己烷；环己烷；正辛醇；正辛烷；吡啶；乙二胺；无水乙醇；1,2-丙二醇；正丙醇；异丙醇等以及去离子水。试剂均为分析纯。

（2）合成方法与条件

称取硝酸锌 1.487g（5mmol）和硫脲 0.38g（5mmol），不经任何处理直接与不同溶剂混合，加入到聚四氟乙烯衬里的不锈钢反应釜中，填充度为 70%，在 140℃恒温 12h，自然冷却至室温，产物过滤，分别用无水乙醇和去离子水洗涤，室温自然干燥，得到 ZnS 白色粉末样品。

方法三：单一前驱体溶剂热合成 ZnS 纳米晶

（1）原料与试剂

无水氯化锌，$ZnCl_2$；硫脲，NH_2CSNH_2（Tu）；苯；正己醇；环己醇；正己烷；环己烷；无水乙醇；去离子水。试剂均为分析纯。

（2）合成方法与条件

前驱体制备：将无水 $ZnCl_2$ 的热饱和溶液与 Tu 的热饱和溶液混合均匀，静置，冷却，析出大量白色针状结晶，过滤，室温干燥，得前驱体。

ZnS 的制备：称取前驱体 0.8g 和 14mL 不同溶剂分别加入到 20mL 的不锈钢反应釜中，180℃保温 10h，自然冷却到室温，将得到的白色粉末收集，分别用无水乙醇和去离子水洗涤三次，50℃下红外干燥。

2. 样品表征

（1）XRD 表征　用 X 射线衍射仪进行晶相分析。

（2）用扫描电子显微镜（SEM）或透射电子显微镜（TEM）观察产物的表面形貌、大小及粒度分布。

（3）用荧光光度计测定样品的发光性能。

【结果讨论】

1. 根据所得的 XRD 数据，分析产物的组成、晶相。
2. 就产物的表面形貌、大小及粒度分布等结果分析实验条件对产物的影响。
3. 荧光光度计测定样品的发光性能时，激发光谱的最大波长为多少，发射光谱的最大波长为多少。
4. 分析产品的合成原理。

【参考文献】

王敦青．M-S（M：Ni、Zn）化合物纳米材料的溶剂热合成与表征［D］．山东大学硕士学位论文，2003，6：25-45.

实验 13 软磁铁氧体纳米材料的水热/溶剂热合成与表征

【实验目的】

1. 了解水热法制备纳米粉体的实验原理。
2. 掌握水热法制备纳米复合氧化物的制备过程和化学反应原理。
3. 了解反应条件对实验产物形貌的影响，并会对实验产物进行表征分析。

【背景介绍】

铁氧体是一种以铁的氧化物为主的多元复合氧化物，其种类繁多，它的几种晶体结构是主要的磁性材料：尖晶石型结构是软磁材料；六角晶系结构主要是硬磁材料，也有的是超高频段用的软磁材料和毫米波的旋磁材料；石榴石型结构是微波材料，旋磁材料。近年来，电子技术的飞速发展对软磁铁氧体器件，如电感器、变压器、滤波器等不断提出了各种新的要求。

软磁铁氧体中的一种是以 Fe_2O_3 为主要成分的氧化物软磁性材料，其一般分子式可表示为 M-Fe_2O_3（尖晶石型铁氧体），其中 M 为二价金属元素。其自发磁化为亚铁磁性，初始磁导率高，电阻率高于金属系软磁材料，涡流损耗低，多应用于高频，主要作为磁芯材料。尖晶石型铁氧体的晶体结构与天然矿物尖晶石（$MgAl_2O_4$）相同属于立方晶系，由于其晶体的对称性高，磁各向异性小，因此其磁特性最软。其晶体结构见图 4-2。

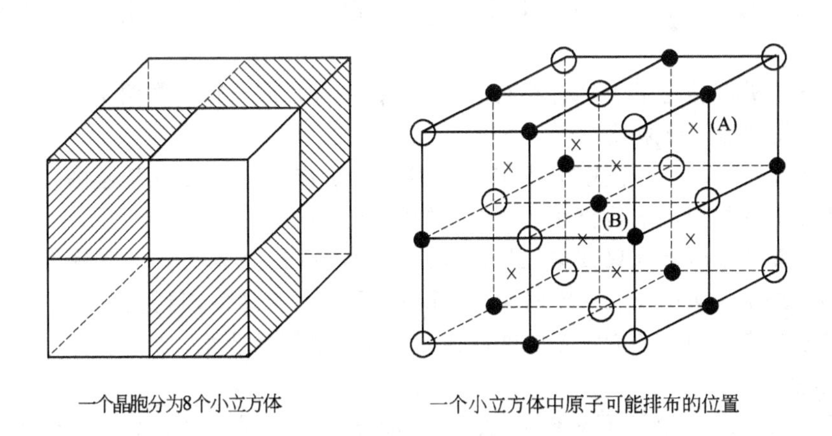

图 4-2 尖晶石型软磁铁氧体的晶体结构

一个立方晶胞中含有 8 个由 MFe_2O_4 组成的部分，O^{2-} 作面心立方密堆积，M^{2+} 和 Fe^{3+} 分别填入其四面体或八面体空隙中。若 M^{2+} 占据其四面体空隙，而 Fe^{3+} 全部填入八面体空隙中，构成正尖晶石结构，习惯上表示为 $M^{2+}[Fe_2^{3+}]O_4$，若 Fe^{3+} 占据其四面体空隙，M^{2+} 和 Fe^{3+} 共同占据八面体空隙，成为反尖晶石结构，习惯上表示为 $Fe^{3+}[Fe^{3+}M^{2+}]O_4$。

各种单组分铁氧体具有典型的尖晶石结构和各自典型的磁性能，如 $NiFe_2O_4$ 本身就是一种很好的旋磁材料，可用作微波铁氧体器件。在实际中往往根据不同性能要求，将两种或多种正型或反型单组分铁氧体按一定比例复合而成多元尖晶石型铁氧体，广泛用于通信、广播、电视的磁芯和音像磁头等。如 Mg-Mn，Mg-Al 系复合铁氧体材料是一种性能优异的矩磁材料，可用于制造多种波段的微波器件；Ni-Zn，Ni-Cu 系是较好的压磁材料，可用于制造超声和水声器件以及自控、磁声和计量器件。近年来，随着现代电子技术的发展，尖晶石型铁氧体在若干新领域的应用备受关注。如 Ni-Zn 铁氧体天线代替金属制成的发射或接收天线，具有体积小、重量轻、灵敏度高的优点。此外，表面贴装技术与电磁干扰抑制技术的新进展和需求，导致多层片式电感器和多层片式磁珠的产生，尖晶石型铁氧体这一古老的材料家族正在发生新的飞跃。

尽管利用高温自蔓延、高性能球磨、溶胶-凝胶、超临界流体干燥、微乳液、喷雾热解以及气相法等方法，人们已制得了一系列软磁铁氧体纳米粉，但要使所得粉体同时具备结晶度高、粒度均匀及分散性好的特点却并非易事。

水热法制备各种软磁铁氧体粉体可以得到晶度好、粒度小、粒径分布窄且团聚程度轻的产物。

【仪器与试剂】

试剂：$FeCl_3 \cdot 6H_2O$，NaOH，$NiCl_2 \cdot 6H_2O$，$CoCl_2 \cdot 6H_2O$，$ZnCl_2$，乙醇，焦磷酸钠，氧化三辛基膦，正己醇，正辛醇，三乙醇胺，均为分析纯。

仪器：反应釜、烧杯、磁力搅拌器、干燥箱 、离心机、TEM、XRD 等。

【实验步骤】

1. 样品制备

(1) 按 Fe(Ⅲ)/M(Ⅱ) 的摩尔比等于 2∶1 的比例分别称取适量的 $FeCl_3 \cdot 6H_2O$ 和 $MCl_2 \cdot xH_2O$ (M：Ni，Zn，Co)，共溶于去离子水中，过滤除去不溶物。

(2) 向所得滤液中加入稀的 NaOH 溶液沉淀混合金属离子直到体系的 pH=9，离心、水洗所得沉淀。

(3) 将洗净的沉淀返溶于具有不同 pH 值（pH=7，10，12）的溶液中，在磁力搅拌下搅拌 30min，得到前驱体浆液。

在 pH=12 时，在前驱体中分别加入少量的焦磷酸钠，氧化三辛基膦，正己醇，正辛醇，三乙醇胺等形貌控制剂检验对产物形貌的影响。

(4) 将前驱体浆液填入聚四氟乙烯的反应釜中，填充度 70%，置于保温好的一定温度（180℃）的红外干燥箱中反应一定时间（10h）后取出，自然冷却到室温。

(5) 离心分离，用水和无水乙醇洗涤样品，50℃烘干后收集。

2. 样品表征

(1) XRD 表征　对在不同条件下得到的前驱体和在不同条件下得到的产品用 X 射线粉末衍射仪进行晶相、粒度分析。

(2) 用透射电子显微镜（TEM）或扫描电子显微镜（SEM）观察样品的颗粒形貌、粒度大小及分散情况。

(3) 磁性测量　用磁强计来测量粉末样品的磁性质。

【结果讨论】

1. 根据所得的 XRD 数据，分析产物的组成、晶态、晶相，分析 pH 值对产物的晶化度的影响。

2. 就产物的表面形貌、平均粒径大小及粒度分布、分散性等结果分析实验条件对产物的影响。

3. 分析室温下得到的 MFe_2O_4 磁性数据，是否具有超顺磁性。

4. 影响本实验产物形貌及颗粒大小的主要因素是什么？

5. 添加剂的加入对产物形貌及颗粒大小有什么影响？

【参考文献】

陈德宏．含铁氧化物纳米材料的水热/溶剂热合成与表征［D］．山东大学硕士学位论文，2003，6：42-49.

实验 14 碳纳米管的水热合成与表征

【实验目的】

1. 了解水热法制备碳纳米管的合成方法及实验原理。

2. 了解溶剂热法制备碳纳米管的制备过程和化学反应原理。

【背景介绍】

自 1991 年碳纳米管被发现以来，碳纳米管由于其独有的结构和奇特的物理、化学特性以及其潜在的应用前景而受到人们的关注。碳纳米管是由石墨中的碳原子卷曲而成的管状材料，管的直径一般为几纳米（最小为 1nm 左右）到几十纳米，管的厚度仅为几纳米。碳纳米管的直径十分微小，十几万个碳管排起来才有人的一根头发丝宽；而碳纳米管的长度却可到达 100μm，从某种意义上看，它是一种很好的、最细的纤维。根据组成碳纳米管管壁中碳原子层的数目，碳纳米管可被分为单层碳管和多层碳管。

作为一种新的材料，碳纳米管的强度比钢高 100 多倍，弹性模量估计可高达 1TPa，而密度却只有钢的 1/6；同时碳纳米管还具有极高的韧性，十分柔软。它被认为是未来的“超级纤维”，是复合材料中极好的加强材料。碳纳米管导电性十分有趣，它可具有很好的金属导电性（椅形碳管），也可具有半导体性。因此，它既可作为最细的导线被用在纳米电子学器件中，也可以被制成新一代的量子器件，将来可能代替硅芯片，引起计算机技术的革命。碳纳米管的顶端很锐，非常有利于电子的发射。它可用作电子发射源，推动壁挂电视的发展。其尖端直径可达到 1nm，是最佳的纳米探针材料。CNTs 的层间距为 0.34nm，有利于 Li^+ 的嵌入与迁出，它特殊的圆筒状构型不仅可使 Li^+ 从外壁和内壁两方面嵌入，又可防止因溶剂化 Li^+ 嵌入引起的石墨层剥离而造成负极材料的损坏。实验表明，用 CNTs 作为添加剂或单独用作锂离子电池的负极材料均可显著提高负极材料的嵌 Li^+ 容量和稳定性。碳纳米管在吸附储氢方面也具有良好的性质。总而言之，碳纳米管的潜在用途广泛。但就目前的研究水平来看，它离实际应用还有相当远的距离。

目前，人们可以用石墨电弧放电法、激光蒸发法和有机气体催化热解法来大量制备碳纳米管。化学气相沉积法、热解聚合物法、火焰法、离子（电子束）辐射法、电解法、金属材料原位合成法、溶剂热法等方法也用于碳纳米管的合成。但从碳纳米管的基本性质研究和实际应用要求来看，碳纳米管的制备技术仍存在三个方面的难题：第一，目前的样品多呈杂乱分布，碳纳米管之间相互缠绕，难以分散；第二，用电弧放电法制备的碳纳米管被烧结成束，束中还存在很多非晶碳等杂质，这样使得测量的各种物理和化学性质的结果比较分散，在导电性质和力学性质方面的测量结果与理论估计值相差甚远；第三，目前制备的碳纳米管的长度只有几十微米，只能用扫描隧道显微镜和原子力显微镜等非常规方法来测量其物理性能，这给实验测量带来极大困难。因此，制备出离散分布的高质量碳纳米管，成为人们追求的目标之一。

【实验原理】

方案一原理：

$$聚乙烯薄膜 \xrightarrow[600℃]{镁粉} 多壁碳纳米管$$

方案二原理：

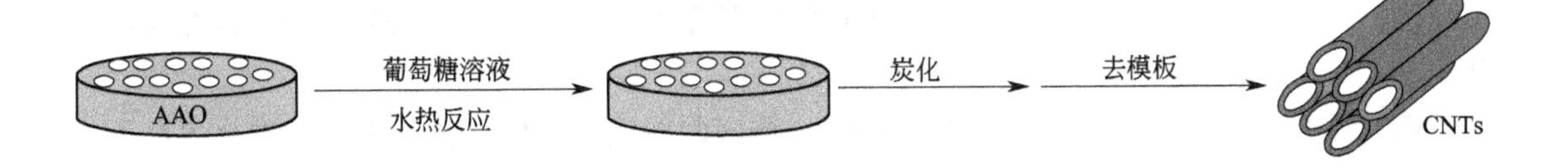

方案三原理：

n Cl Cl Cl Cl Cl Cl +6nK —苯, 350℃→ +6nKCl

—钴-镍, 350℃→

多层碳纳米管

【仪器与试剂】

方案一的试剂：商用聚乙烯薄膜，镁粉，无水乙醇，稀盐酸，蒸馏水。

方案二的试剂：200nm 的阳极氧化铝（AAO）模板，0.5mol/L 的葡萄糖溶液，10%的氢氟酸。

方案三的试剂：苯，六氯代苯，钾，钴粉，镍粉，无水乙醇，稀盐酸，以上试剂均为分析纯。

仪器：反应釜、烧杯、磁力搅拌器、干燥箱 、离心机、TEM、SEM、XRD。

【实验步骤】

方案一：

首先将 0.5g 商用聚乙烯薄膜与 0.3g 镁粉加入容积为 30mL 的不锈钢反应釜中，再加入 20mL 蒸馏水。然后密封反应釜加热 600℃，保温 6h，自然冷却到室温。经离心分离后，将所得沉淀用无水乙醇、稀盐酸和蒸馏水洗涤数次可得黑色粉末；在 50℃真空干燥箱中干燥 4h 即可。

方案二：

将孔径为 200nm 的阳极氧化铝（AAO）模板浸入 50mL 浓度为 0.5mol/L 的葡萄糖溶液中约 30 min。然后将其转入聚四氟乙烯的不锈钢水热釜中，在 180℃下反应 10h。自然冷却到室温后，将 AAO 模板从反应釜中取出。小心刮去其表面的黑色物质，将 AAO 模板放在高纯氩气保护的 900℃管式炉中热处理 3h，进行炭化处理。最后，用质量分数为 10%的氢氟酸将 AAO 模板除去，即可以制得 CNTs。

方案三：

将 2g 六氯代苯和 3g 金属钾加入到容积为 30mL 的聚四氟乙烯内胆的不锈钢水热釜中，然后再加入一定体积的苯，使填充度约 75%；最后，加入 100mg 钴-镍催化剂；然后密封反应釜加热 350℃，维持 8h，自然冷却到室温。将所得沉淀用无水乙醇、稀盐酸和去离子水洗涤数次，洗掉残留的杂质，在 60℃真空干燥箱中干燥 6h ，即可制得 MCNTs。

样品表征

（1）XRD表征　用X射线粉末衍射仪鉴定样品的物相和纯度。

（2）用扫描电子显微镜（SEM）或透射电子显微镜（TEM）观察产物的形貌与结晶状况。

（3）用比表面测试仪给出样品的N_2吸附/解吸附曲线，并由此推算出它们的比表面积。

（4）电化学测试　样品的电化学测试由三电极电池执行。在这一体系中，电解液为6mol/L的氢氧化钾溶液，试样（碳纳米管和用来对比的介孔碳、碳纳米纤维）作为工作电极，$Ni(OH)_2/NiOOH$作为辅助电极，Hg/HgO作为参比电极，电流密度为50mA/g，循环区间－112～－14V（vs. Hg/HgO）。将90%（质量分数，下同）的碳和10%的聚四氟乙烯压在铜箔上即可制得工作电极。

【结果讨论】

1. 根据所得的XRD数据，分析产物的物相、纯度和结晶度。

2. 根据电子显微镜结果，分析产物的直径、长度、管壁厚度、弯曲形态等。

3. 利用充放电技术测量的碳纳米管的放电容量，推算电化学储氢性能；结合比表面数据分析微孔面积与储氢量之间有何关系。

【参考文献】

[1] 张猛，闫国进，路朋献．水热合成碳纳米管的电化学储氢性能研究［J］．化工新型材料，2010，38（2）：63-64.

[2] 冯红彬，温珍海，李景虹．碳纳米管的水热-182模板合成及在锂离子电池中的应用［J］．高等学校化学学报，2010，31（3）：588-591.

[3] Jiang Y，Wu Y，Zhang S Y，et al. A catalytic-assembly solvothermal route to multiwall carbon nanotubes at a moderate temeratere［J］. J. Am. Chem. Soc.，2000，122（49）：12383-12384.

实验 15　水热法制备过渡金属磷酸盐微孔材料

【实验目的】

1. 了解过渡金属磷酸盐类微孔材料的水热合成方法。

2. 掌握高温高压水热法的实验操作方法与注意事项。

【背景介绍】

沸石分子筛是一类重要的无机微孔材料，具有优异的裂化异构化性能、酸碱催化、吸附分离和离子交换能力，在许多工业过程包括催化、吸附和离子交换等方面有广泛的应用。沸石分子筛的基本骨架元素是硅、铝及与其配位的氧原子，基本结构单元为硅氧四面体和铝氧四面体，四面体可以按照不同的组合方式相连，构筑成各式各样的沸石分子筛骨架结构。

分子型磷酸盐无机微孔材料是在沸石分子筛的基础上研究与开发的，1982 年美国联合碳化物公司的 Wilson 等首次报道合成了 20 余种新型磷酸铝分子筛，打破了沸石分子筛由硅氧四面体和铝氧四面体组成的传统观念，继而研究出很多过渡金属磷酸盐类分子筛微孔材料。其中，磷酸镍的稳定性最好，而且镍本身就是很好的催化剂。因此，微孔磷酸镍被认为是一类很好的类分子筛材料，它在吸附、离子交换、催化方面具有非常好的应用前景。

本实验采用水热合成法，选择乙二胺作为模板剂，合成磷酸镍微孔材料。

【仪器与试剂】

试剂：$NiCl_2 \cdot 6H_2O$，$Zn(NO_3)_2 \cdot 6H_2O$，$Cu(NO_3)_2 \cdot 3H_2O$，NH_4F，H_3PO_4，乙二胺，均为分析纯。

仪器：电子天平，磁力搅拌器，电热烘箱，水热反应釜，烧杯，量筒，移液管等玻璃仪器，比表面和孔径分析仪，热分析仪，TEM，SEM，XRD，红外光谱等。

【实验步骤】

1. 金属磷酸盐类微孔材料的水热合成

(1) 反应物之间的摩尔比为：$NiCl_2 \cdot 6H_2O : Zn(NO_3)_2 \cdot 6H_2O : H_3PO_4 : en : NH_4F = 1:1:3:4:3$。

准确称取 2mmol $NiCl_2 \cdot 6H_2O$ 和 2mmol $Zn(NO_3)_2 \cdot 6H_2O$ 固体，放入干燥的 100mL 的烧杯中，加入 30mL 蒸馏水使其完全溶解。再用移液管移取 0.4mL 浓 H_3PO_4 逐滴加入上述溶液中混合均匀。快速搅拌下逐滴加入 8mmol 乙二胺溶液，最后加入 6mmol NH_4F 固体并在室温下搅拌 0.5h，将混合物倒入反应釜中，填充度 75%左右，密封，放入恒温 180℃的电热烘箱中，恒温 6 天。将得到的混合物抽滤、洗涤，自然晾干得样品一，称量，计算产率。

(2) 基本实验操作同 (1)，将反应物之间的摩尔比改为：$NiCl_2 \cdot 6H_2O : H_3PO_4 : en : NH_4F = 2:3:4:3$，得样品二。

(3) 基本实验操作同 (1)，将反应物之间的摩尔比改为：$NiCl_2 \cdot 6H_2O : Cu(NO_3)_2 \cdot 3H_2O : H_3PO_4 : en : NH_4F = 1:1:3:4:3$，得样品三。

2. 样品的表征

(1) 对所得到的三个样品用X射线粉末衍射仪进行物相分析。

(2) 用比表面和孔径分析仪分析样品的比表面积和孔径大小。

(3) 用扫描电镜观察分子筛的尺寸和形状。

(4) 用红外光谱分析样品的结构。

【结果与讨论】

比较合成的三种样品的产量、比表面积、平均孔径和微孔体积（表4-1）。

表4-1 样品一、样品二和样品三三种分子筛的产量、比表面积、平均孔径和微孔体积

样品	颜色外形	形貌大小	产量/g	比表面积/(m^2/g)	微孔体积/(cm^3/g)	平均孔径/nm
样品一						
样品二						
样品三						

【思考题】

1. 微孔材料合成中为什么使用模版剂，作用是什么？模版剂的选择原则是什么？

2. 如何分析给定材料中是否含有模版剂乙二胺。

3. 过渡金属磷酸盐微孔材料的红外光谱有什么特征。

【参考文献】

[1] 曲荣君．材料化学实验［M］．北京：化学工业出版社，2008：7-9.

[2] 周菊红．水热法制备过渡金属磷酸盐及其表征［D］．安徽师范大学硕士学位论文，2007：45-64.

实验 16　水热合成高比表面介孔 $Ce_{0.5}Zr_{0.5}O_2$ 固溶体

【实验目的】

1. 了解过渡金属固溶体在催化剂方面的应用。

2. 掌握用水热法合成 $Ce_{0.5}Zr_{0.5}O_2$ 固溶体的实验操作方法与实验条件。

【背景介绍】

目前，汽车尾气已成为城市大气环境的主要污染源之一。随着我国城市空气污染问题的日益突出，汽车排放污染越来越受到人们的关注。汽车排放的污染物主要来源于内燃机，其有害成分包括一氧化碳（CO）、碳氢化合物（HC）、氮氧化合物（NO_x）、硫氧化合物（SO_x）等，其中 CO、HC 及 NO_x 是汽车污染控制的主要成分。汽车尾气对人类的健康危害很大，净化汽车尾气，减少汽车尾气中有害气体的排放，是人类必须解决的重要课题。CeO_2 用于汽车尾气处理的三效催化剂（TWC）可以有效地除去以上各种污染物，但 CeO_2 的热稳定性差，在高温下容易发生烧结而失去活性，为了提高其稳定性可在 CeO_2 中掺杂金属阳离子 Al^{3+}、Zr^{4+} 或 Si^{4+} 以形成固溶体，可明显改善高温条件下 CeO_2 表面的稳定性，特别是 Zr^{4+} 进入 CeO_2 晶格中生成的 $Ce_xZr_{1-x}O_2$ 固溶体用作三效催化剂的载体比 CeO_2 具有更高的储氧能力、释氧能力、热稳定性、抗老化性和催化活性。因为 Zr^{4+} 的加入，易形成铈锆固溶体，改善了 CeO_2 的体相特性。

本实验以 PEG-2000、PEG-4000、PEG-6000 为模板剂在水热条件下制备铈锆固溶体，采用 XRD、BET、TEM 等手段对所得产物进行表征。

【仪器与试剂】

试剂：硝酸铈铵，硝酸锆，三乙胺，氨水，均为分析纯。

仪器：磁力搅拌器，pH 计，水热反应釜，电热烘箱，减压过滤装置，烧杯、量筒、移液管等玻璃仪器，自动物理吸附仪，透射电镜（TEM），扫描电镜（SEM），X 射线粉末衍射仪（XRD）。

【实验步骤】

1. $Ce_{0.5}Zr_{0.5}O_2$ 的制备

按铈锆摩尔比 0.5∶0.5 取适量硝酸铈铵和硝酸锆溶液混合均匀，在强力搅拌下滴加少量三乙胺，再加入一定量的聚乙二醇（PEG-2000 或 PEG-4000 或 PEG-6000），然后滴加氨水，直至反应体系 pH 值达到 10 左右（pH＝9～12），静置所得共沉淀前驱体 15h。然后将其转入内衬聚四氟乙烯的高压反应釜中，于一定温度下水热反应 10h，抽滤，在 80℃ 干燥 2h，再经不同温度焙烧 2.5h，得到产物。

2. 样品的表征

（1）用 X 射线粉末衍射仪对所得 $Ce_{0.5}Zr_{0.5}O_2$ 进行物相分析。

（2）用自动物理吸附仪对 $Ce_{0.5}Zr_{0.5}O_2$ 粉末进行 N_2 吸附-脱附等温线测定，并通过 BET 方法计算其比表面积。

（3）用扫描电镜或透射电子显微镜观察 $Ce_{0.5}Zr_{0.5}O_2$ 的尺寸和形状。

【结果与讨论】

1. 物相及结构分析

分析 pH 值在 9～12 之间、水热温度为 120℃条件下所得产物的 XRD 图谱，比较各产物的衍射峰的形状及其强度是否相同？有什么区别？产物为何种晶体结构？在本实验中 pH 值的变化对产物的晶体结构有影响吗？

2. 各因素对产物比表面积、孔径分布的影响

（1）不同模板剂添加量对产物性质影响（以 PEG-4000 为例），见表 4-2。

表 4-2 模板剂添加量对产物性质影响

PEG/(Ce+Zr)摩尔比	S_{BET}/(m²/g)	平均孔径/(cm³/g)	平均粒径/nm	TEM 结果(分散性、晶化度等)
0.0				
0.1				
0.3				
0.6				

实验条件：在 120℃水热反应 12h 后，经 500℃焙烧 2.5h。

分析：随着 PEG 添加量的增大，$Ce_{0.5}Zr_{0.5}O_2$ 的比表面积及其平均孔径变化顺序如何？什么比例时所制产物的比表面积最高？是否 PEG 能够增加产物的孔隙率，起到造孔剂的作用吗？TEM 结果如何？

（2）不同水热温度对产物性质影响（以 PEG-4000 为例），见表 4-3。

表 4-3 水热温度对产物性质影响

水热反应温度/℃	S_{BET}/(m²/g)	平均孔径/(cm³/g)	平均粒径/nm	TEM 结果/(分散性、晶化度等)
120				
150				
180				
240				

实验条件：PEG/(Ce+Zr)=0.3，在不同温度下水热反应 12h 后，经 500℃焙烧 2.5h。

分析：随着水热温度的升高，产物的比表面积有何变化？产物的孔径有何变化？分析可能的原因（随温度的变化对产物性质的影响）？水热温度对产物的孔径分布有何影响？试分析原因。TEM 结果如何？

（3）不同焙烧温度对产物性质影响（以 PEG-4000 为例），见表 4-4。

表 4-4 焙烧温度对产物性质影响

焙烧温度/℃	S_{BET}/(m²/g)	平均孔径/(cm³/g)	平均粒径/nm	TEM 结果(分散性、晶化度等)
80				
500				
800				

实验条件：PEG/(Ce+Zr)=0.3，水热 150℃反应 12h 后，经不同温度焙烧 2.5h。

分析：随着焙烧温度的升高，产物的比表面积和平均孔径有何变化？分析可能的原因（随温度的变化对产物性质的影响）？TEM 结果如何？

（4）选取（1）～（3）中的最佳实验条件，试验不同分子量的 PEG 对产物性质的影响。

【思考题】

1. 材料合成中为什么使用模版剂，作用是什么？模版剂的选择原则是什么？

2. 本实验中，最适宜的条件是什么？

【参考文献】

古映莹，王海利，王曼娟等．以 PEG 为模板剂水热合成高比表面介孔 $Ce_{0.5}Zr_{0.5}O_2$ 固溶体 [J]．中国稀土学报，2009，27（2）：297-301.

实验 17 水热合成 $\{[Cu(en)_2][KFe(CN)_6]\}_n$ 无机有机杂化材料

【实验目的】

1. 掌握用水热法合成配合物的实验操作方法与实验条件。
2. 了解无机有机杂化材料的应用。
3. 了解配合物的常用表征方法。

【背景介绍】

无机材料的结构改造和修饰难度很大，难以根据实际需要来控制其大小、形状以及物理化学特性；而有机化合物虽然具有优良的分子剪裁与修饰的功能，但是它们却在坚固性与稳定性等方面具有明显的缺点。通过对无机有机杂化材料的合成与性能的研究和探索，可将无机和有机化合物两者互补的性能结合起来，构筑结构可塑、稳定、坚固的新型杂化材料，其在催化、吸附、分离、生物化学、电磁学以及光学材料等领域具有潜在的应用价值。

近些年，一批具有新奇结构且意义重大的有机-无机杂化的化合物相继被合成出来，利用水热合成法制备出了具有一维链状、二维层状、网状、孔道状和笼状等多种新颖结构的配合物。

在寻找具有催化、磁性、笼核作用的多核配合物和氰化物络合物分子基础材料方面，人们已经做了广泛的研究。含氮、氧的有机化合物可与过渡金属铜形成结构新颖的配合物，此类配合物在吸附、催化、光学、电学和磁学等方面具有潜在的应用前景，已成为材料化学研究的新热点。虽然许多刚性连接配体已经被确认能形成这些功能材料，但一些相对灵活的配体如酒石酸、乙二胺等为柔性多齿配体，易形成结构多变的配聚物，可用于合成类分子筛型微孔结构配合物，且孔洞的大小和形状可人为调控。

本实验通过 $[Cu(en)_2]^{2+}$ 和 $[KFe(CN)_6]^{2-}$ 的自组装，采用水热合成法制备纯度较高、颗粒较大、比较理想的三维多孔框架的配合物 $\{[Cu(en)_2][KFe(CN)_6]\}_n$ 晶体。这是一种既有磁性又能导电的聚合物，因此可作为磁性材料、化学电源、电子器件、特殊涂层、传感器，具有电催化作用。

【仪器与试剂】

试剂：无水乙醇，$CuSO_4$，$K_3[Fe(CN)_6]$，乙二胺，均为分析纯。

仪器：电热恒温鼓风干燥箱，电子天平，托盘天平，减压过滤装置，吸量管、烧杯、量筒、移液管等玻璃仪器，水热反应釜，红外光谱仪，紫外可见分光光度计，X 射线单晶衍射仪。

【实验步骤】

1. $\{[Cu(en)_2][KFe(CN)_6]\}_n$ 的制备

配制 0.050mol/L 硫酸铜溶液 50mL，滴加适量乙二胺使溶液变成蓝紫色，制得硫酸二乙二胺合铜配合物溶液，将溶液平均分为五份。

分别称取五份六氰合铁酸钾：0.5g、1.0g、1.5g、2.0g、2.5g，将所称得药品分别装入到五个高压釜中，标号为Ⅰ、Ⅱ、Ⅲ、Ⅳ、Ⅴ，各加入已配好的硫酸二乙二胺合铜

10mL、5mL 蒸馏水、10mL 50%乙醇溶液于五个体积为 30mL 的聚四氟乙烯高压反应釜中，将釜密封后装入干燥箱中，80℃恒温，加热 24h，关闭电源后静置。一周后取出反应釜，将固体进行减压过滤并洗涤，自然干燥数小时后，得产品。

2. 样品的表征

（1）产品的溶解性测定　将少量样品分别放入洁净的小试管中，分别加入 5mL 蒸馏水、5mL 3mol/L 的盐酸、5mL 浓盐酸、5mL 65%的硝酸、5mL 浓硝酸，静置，观察其溶解性。可放置 2～3 天后再观察其溶解性。

（2）$\{[Cu(en)_2][KFe(CN)_6]\}_n$ 的红外光谱的研究　将六氰合铁酸钾及得到的样品粉末分别与 KBr 混合后压片，用红外光谱仪在 400～4000cm^{-1}分析样品的 FTIR 谱。

（3）$\{[Cu(en)_2][KFe(CN)_6]\}_n$ 的紫外光谱的研究。

（4）通过 X 射线单晶衍射分析 $\{[Cu(en)_2][KFe(CN)_6]\}_n$ 配合物的结构。

在显微镜下挑选适合做 X 射线单晶衍射分析的配合物单晶在单晶衍射仪上用 MoKα 射线（λ=0.07107nm）收集各衍射数据。

【结果与讨论】

（1）分析红外光谱图，对各峰进行归属，分析与普通氰基金属化合物的区别，试分析配位结构。

（2）分析 $\{[Cu(en)_2][KFe(CN)_6]\}_n$ 的紫外光谱图，分析紫外吸收光谱的吸收峰，哪些是电荷迁移跃迁产生的，哪些是配位场 d-d 跃迁产生的。

（3）配阴离子与配阳离子的配比对 $\{[Cu(en)_2][KFe(CN)_6]\}_n$ 形成的影响。

根据对各个实验样品观察和测定，分析配阴离子与配阳离子的配比对$\{[Cu(en)_2][KFe(CN)_6]\}_n$形成的影响。

（4）试根据收集到的各衍射数据，解析晶体结构。

【参考文献】

[1] 阿力塔，徐秀廷，刘淑琴，梁娜．水热合成法制备 $\{[Cu(en)_2][KFe(CN)_6]\}_n$[J]．内蒙古民族大学学报（自然科学版），2009，24（3）：275-277.

[2] 李晓辉，薛韩，张澜萃，朱再明．单核和双核酒石酸铜配合物的水热合成及晶体结构 [J]．化学试剂，2010，32（6）：537-540.

[3] 张蕾，朱飞燕，张立艳等．一种新颖的 Cu-V 无机有机杂化材料的水热合成与结构表征 [J]．首都师范大学学报（自然科学版），2010，31（1）：18-22.

实验 18 水热还原制备微晶铜

【实验目的】

1. 掌握用水热法还原合成金属单质的实验操作方法与实验条件。

2. 了解微晶铜的应用。

【背景介绍】

纳米铜粉颗粒尺寸，比表面积大，在物理、化学方面表现出许多特殊性能，因而广泛应用于催化剂、涂料、电子、医学和生物等领域，其制备及应用的研究已成为国内外热点，如在冶金和石油化工中是优良的催化剂。在高分子聚合物的氢化和脱氢反应中，纳米铜粉催化剂有极高的活性和选择性。在乙炔聚合反应用来制作导电纤维的过程中，纳米铜粉是有效的催化剂。

纳米铜粉用作固体润滑剂则是纳米材料应用的范例之一。超细铜粉以适当方式分散于各种润滑油中可形成一种稳定的悬浮液，这种油每升中含有数百万个超细金属粉末颗粒，它们与固体表面相结合，形成一个光滑的保护层，同时填塞微划痕，从而大幅度降低摩擦和磨损，尤其在重载、低速和高温振动条件下作用更为显著，国外已有加入纳米铜粉的润滑油销售。纳米铜粉在汽车尾气处理过程中，作为催化剂可以用来部分代替贵金属铂和钌，使 CO 转变为 CO_2。纳米铜粉也是制备高导电率、高强度纳米晶铜材不可缺少的基础原料。在工程结构材料中，纳米晶铜材的抗张强度和导热性能比粗晶铜材高出数倍。

2000 年，卢柯课题组在实验室里通过电沉积法，制得了高纯度，高密度的纳米级微晶铜，发现了纳米金属铜在室温下的“奇异”性能，即纳米金属铜具有超塑延展性而没有加工硬化效应，延伸率高达 5100%。引起这种微晶铜的超强延展性的原因是由晶界运动所引起的，而不是由晶格错位导致的。论文在国际权威刊物《科学》上发表后，获得世界同行的普遍好评，纳米材料的“鼻祖”葛莱特教授认为，这项工作是“本领域的一次突破，它第一次向人们展示了无空隙纳米材料是如何变形的”。

超细铜粉尤其是纳米铜粉的制备方法和工艺各种各样，主要方法有气相蒸发法、机械化学法、γ 射线法、电解法、等离子体法、液相还原法等。水热合成是一种理想的晶体生长方法，可以用来制备金属或金属氧化物粉体，且得到的粉体具有良好的结晶性和分散性。溶液中的银、铜离子可以在一些纳米线基体表面被还原。

本实验通过控制不同的水热条件制备多种具有微纳结构的铜。

【仪器与试剂】

试剂：五水硫酸铜，氢氧化钠，葡萄糖，六元脂肪族醇（D-山梨醇），十二烷基硫酸钠，柠檬酸，乙醇，均为分析纯。

仪器：电热恒温鼓风干燥箱，真空干燥箱，温控式磁力搅拌器，电子天平，电动离心机，烧杯、量筒、移液管等玻璃仪器，水热反应釜，扫描电镜，X 射线粉末衍射仪，扫描电子显微镜。

【实验步骤】

1. 纳米铜粉的制备

称量一定量的葡萄糖或 D-山梨醇和 NaOH 溶于 40mL 去离子水中，在不断搅拌下加入一定量的表面活性剂十二烷基硫酸钠（SDS），待完全溶解后加入一定量 $CuSO_4 \cdot 5H_2O$，磁力搅拌 20min 后，将所得溶液移入 50mL 的聚四氟乙烯反应釜中密封，填充度 75%左右，一定温度保温一定时间。冷却至室温后得到固体产物，80℃烘箱干燥后进行扫描电镜（SEM）观察和 X 射线衍射（XRD）分析。

通过改变 NaOH、$CuSO_4$、葡萄糖三者反应物的摩尔比，改变表面活性剂的浓度、反应物的温度、反应的时间、还原剂种类，制备纯度较高的纳米铜粉。实验条件选择见表 4-5，5 个条件可以任意搭配。

推荐实验条件为：NaOH : Cu^{2+} : 葡萄糖的摩尔比为 4 : 3 : 1，SDS 浓度为 0.07mol/L，加热温度 160℃，加热时间 20h。

表 4-5　实验条件选择

NaOH : Cu^{2+} : 葡萄糖摩尔比	4 : 1 : 1	4 : 2 : 1	4 : 3 : 1	4 : 1 : 4	2 : 1 : 1
加热温度/℃	120	140	160	180	200
反应时间/h	5	10	20	8	15
SDS 浓度/(mol/L)	0.02	0.05	0.07	0.09	0.10
还原剂选择	葡萄糖	山梨醇	木糖醇	柠檬酸	乙醇

2. 样品的表征

(1) 用 X 射线粉末衍射仪进行晶相分析。

(2) 用扫描电子显微镜（SEM）或透射电子显微镜（TEM）观察产物的表面形貌、大小及粒度分布。

【结果与讨论】

1. 根据所得的 XRD 数据，分析产物的组成、晶相，分析实验条件对产物纯度的影响。

2. 就产物的表面形貌、大小及粒度分布等结果分析实验条件对产物的影响。

3. 分析产品的合成原理。

【参考文献】

[1] 韩阳．水热还原制备微晶铜 [D]，延边大学硕士学位论文，2009，4-30.

[2] Lu L，Sui M L，Lu K. Superplastie Extensibility of Nanocrystalline Copper at Room Temperature [J]．Seienee，2000，287：1463-1466.

[3] Sanders P G，Eastman J A，Weertman J R. Elastie and ten-sile behavior of nanoerystalline Copper and palladium [J]. Aeta Mater，1997，45 (10)：4019-4023.

[4] 徐少辉，刘晓东，陈庆春．多元醇水热还原所得微纳结构铜的形貌研究 [J]．显微与测量，2008，5 (4)：72-74.

实验 19　水热还原制备纳米银

【实验目的】

1. 掌握用水热法还原合成金属单质的实验操作方法与实验条件。

2. 了解纳米银的应用。

【背景介绍】

纳米银是一种新兴的功能材料，广泛应用于超导、化工、光学、电子等行业，它具有很高的比表面积和表面活性，因而又被用作催化剂材料、防静电材料、低温超导材料、电子浆料和生物传感器等材料。纳米银具有广谱抗菌能力、对机体不产生抗药性，因此被用于医药化工行业；纳米银可改变化纤品的某些特性，并赋予很强的杀菌能力；纳米银作为杀菌剂常用于某些抗菌复合材料上。

在氧化硅薄膜中掺杂适量的纳米银，可使镀这种薄膜的玻璃有一定的光致发光性；利用纳米银作为稀释制冷剂的热交换器效率较传统材料高 30%；工业上用纳米银作为某些化学反应的催化剂，可大大提高反应速率和效率等。纳米银粉的导电率比普通的银块至少高 20 倍，因而纳米银粒子也可以用作集成电路中的导电银浆、电池电极材料等。此外，纳米银还具有增强拉曼散射的效应，可以作为生物标记物。

目前制备纳米银的方法有很多，如光化学法（例如在聚丙烯腈基体中用 γ 射线辐射合成了纳米银）、加热法、化学还原法、微乳液法、电化学法等。

上述方法各具特点，其中化学还原法因为所需实验条件简单、易于控制而得到很好应用。一般是指在液相条件下，用还原剂还原银的化合物而制备纳米银粉的方法。该法是在溶液中加入分散剂，以水合肼、甲醛、多元醇、柠檬酸、糖、有机胺、双氧水等做还原剂，常用的分散剂和保护剂有聚乙烯吡咯烷酮（PVP）、多元醇、油酸、芳香醇酯等。但其通常所用的还原剂如肼、硼氢化钠、甲醛等均带有一定的毒性，从而对环境造成污染。

自从发现乙二醇在高温下具有还原特性以来，利用该特性还原标准电极电势偏低的物质如二价镍盐，制备纳米镍粉，而且乙二醇本身及其反应所得的有机产物经初步研究表明并没有明显的毒性，从而和目前提倡的绿色化学更为符合。用乙二醇兼做溶剂和还原剂制备纳米银粒子，基本实现了无毒、无污染，低成本，是化学还原法理想的还原剂。而且，本方法在一定程度上避免了水相反应中产品由于表面收缩硬化引起粒子长大的问题，因此是一种良好的制备方法，有望用于其他类似金属纳米粒子的制备。

本实验通过控制不同的水热条件制备多种具有微纳结构的银。

【仪器与试剂】

试剂：硝酸银，氨水，无水乙醇，乙二醇，丙三醇，柠檬酸，聚乙烯吡咯烷酮（PVP），聚乙二醇（2000、4000、6000），葡萄糖 $C_6H_{12}O_6$，均为分析纯。

仪器：电热恒温鼓风干燥箱，水热反应釜，真空干燥箱，温控式磁力搅拌器，电子天平，电动离心机，烧杯、量筒、移液管等玻璃仪器；X 射线衍射仪，扫描电子显微镜，透射电子显微镜，紫外可见分光光度计，WGY-10 型荧光分光光度计，Zetasizer 3000HS 型光子相关光谱仪。

【实验步骤】

1. 纳米银胶体的制备

将一定质量（0.05g、0.08g、0.1g 等）的 PVP、无水乙醇（或乙二醇、丙三醇）以及配好的一定浓度的 $AgNO_3$（0.02mol/L、0.05mol/L、0.08mol/L、0.10mol/L、0.20mol/L）溶液混合加入体积约为 50mL 的反应釜中，填充度约为 75%，在一定温度下（70℃、90℃、120℃、150℃、180℃）恒温数小时（1h、2h、3h、4h、6h 等），自然冷却至室温，即得 PVP 稳定的纳米银胶体。

通过改变 PVP 的浓度、$AgNO_3$的浓度、反应的温度、反应的时间、改变还原剂等实验条件，得到不同条件下的样品。实验条件选择见表 4-6，5 个条件可以任意搭配。

表 4-6　实验条件选择

PVP 质量/g	0	0.05	0.08	0.1	
加热温度/℃	70	90	120	150	180
反应时间/h	1	2	3	4	6
$AgNO_3$浓度/(mol/L)	0.02	0.05	0.08	0.10	0.20
还原剂选择	乙醇	乙二醇	丙三醇	柠檬酸	葡萄糖

2. 样品的表征

(1) 将所得产物经离心分离，用蒸馏水和无水乙醇反复洗涤，真空干燥得到黑灰色粉末，用 X 射线衍射仪进行晶相分析。

(2) 用扫描电子显微镜（SEM）或透射电子显微镜（TEM）观察产物的表面形貌、大小及粒度分布。

(3) 采用光子相关光谱（PCS）对不同条件下所制备的样品进行表征。

(4) 采用荧光光度计对不同条件下的样品进行表征。

(5) 紫外吸收光谱（UV-vis）分析。

【结果与讨论】

1. 根据所得的 XRD 数据，分析产物的组成、晶相，分析实验条件对产物纯度的影响。分析加分散剂和不加分散剂时所得的还原产物银粉的 XRD 衍射峰宽度的不同，说明分散剂是否起到了阻止颗粒团聚的作用而使颗粒较小。

2. 就产物的表面形貌、大小、分散性等结果分析实验条件对产物的影响，形状、大小与 X 射线衍射（XRD）结构比较是否一致。

3. 分析纳米银的选区电子衍射，说明所得纳米银是单晶还是多晶结构。

4. 分析纳米银的紫外吸收峰光谱图，分析吸收峰位置，分析实验条件对吸收峰位置是否有影响。

5. 根据光子相关光谱所得到的粒度分布数据，分析条件对产物粒度的影响。

6. 试分析产品的合成原理。

【参考文献】

[1] 李敏娜，罗青枝，安静，王德松．纳米银粒子制备及应用研究进展［J］．化工进展，2008，27（11）：1765-1769.

[2] 肖旺钏，陈燕萍，赖文忠，邹志明等．溶剂热合成纳米银及其表征［J］．应用化工，2007，36（11）：1056-1060.

[3] 徐惠，曲晓丽，翟钧，王毅，史建新．乙二醇水热还原法制备纳米银［J］．贵金属，2006，27（3）：22-23.

[4] 刘伟，张子德，王琦，李鹏．纳米银对常见食品污染菌的抑制作用研究［J］．食品研究与开发，2006，27（5）：135-137.

第5章 电解合成法实验

【背景介绍】

无机电解合成和有机电解合成路线作为替代化学合成工艺的路线，不仅在大吨位产品如氯/氢氧化钠、铝等有色金属领域，而且在特种化学品、医药、农业化学品等领域都引起了广泛的关注。虽然当初电解合成似乎很有前途，但许多经济和技术难题使之难以付诸工业化。现在那些难题已大大减少，如经济、设计适当的工业化电槽可以购得，引入新的电极材料、分隔体、膜、密封件，所用电槽能更好地适应操作环境，并延长设备的使用寿命，但最重要的因素是在电化学理论和电化学工业方面涌现出许多的科学家和工程师。

有机电解合成是用电化学方法合成有机化合物，可分为直接有机电解合成和间接有机电解合成。直接有机电解合成反应的阴极反应包括还原反应（如硝基苯制对氨基苯）、裂解反应（如1,1,2-三氟三氯乙烷制一氟三氯乙烯）、偶联反应（如丙烯腈制己二腈）和生成金属化合物的反应［如合成双-（环己二烯-1,5）镍（0）］，阳极反应包括氧化反应（如异丁醇制异丁酸）、裂解反应（如淀粉制双醛淀粉）、柯尔贝缩合反应（如己二酸单甲酯制癸二酸二甲酯）、卤代反应和生成金属化合物的反应（如合成四乙基铅）。间接电解合成中有机物氧化（或还原）反应仍用氧化剂（或还原剂），用化学方法进行，但反应后的氧化剂（或还原剂）可在电槽中通过电解氧化（或还原）使之再生并循环使用。同化学法相比，具有以下优点：通过电极电位控制反应历程；提高目标反应的选择性；常温常压下合成，反应条件温和，对设备材质要求不高且可提高目标反应的选择性；一般不产生有害的废弃物料，有利于消除污染。缺点是反应在电极表面进行，对设备空间利用率差；反应器复杂，且需整流设备；反应历程复杂，适用的电解质难以挑选。

为使电解合成方法取得优势，必须深入进行以下几个方面的研究和开发：如以固定床、流化床三维电极取代空间反应界面小的板式或网式二维电极；同时采用媒质反应技术和相转移催化技术；采用成对电解合成技术以期成倍地增加电流效率和电能效率；推进电化学工程的研究，使得电解反应器的设计、控制以及电解槽的放大更趋合理可行，以求得成本的降低；把注意力从产值低、数量大的电解合成产品转向产值高、数量小的精细化工产品。有机电解合成还涉足一些新领域的研究与探索，如外加磁场下电解合成手性有机物（如氧离子）。电还原苯甲酰甲酸制手性有机物羟基苯乙酸，光化学产率达21％；由*tert*-$C_4H_9SC_6H_5$电解合成有机物$C_4H_9SOC_6H_5$，光学产率达90％；利用光电转换将二氧化碳转变为甲酸、甲醛和甲醇，虽然目前收率还不高，但为利用丰富的太阳能再生有机原料开拓了新路；电解合成导电性有机聚合物，如聚苯胺、聚吡咯；电解有机合成新型具有多种化学反应能力的试剂；加之各国对环境的日益关注和对高附加值产品的追求，如果能解决工业化问题，有机电解合成必将得到迅速发展。

【参考文献】

周贤洪，张国杰．无机/有机电解合成技术进展［J］．氯碱工业，2000，(1)：1-4.

实验 20 草酸电解合成乙醛酸

【实验目的】

1. 掌握电解合成法基本原理。

2. 了解乙醛酸的制备方法。

【背景介绍】

乙醛酸又名二羟醋酸、甲醛甲酸，是一种最简单的醛酸，兼有酸和醛的性质，是有机合成的重要原料。乙醛酸的生产方法很多，其中草酸电解还原法以其成本低、反应条件温和、产品质量好、无三废污染等优点成为国内外研究的重点，是一种较有发展前途的生产方法。本实验对阳极材料、电解工艺条件等进行研究（图 5-1）。

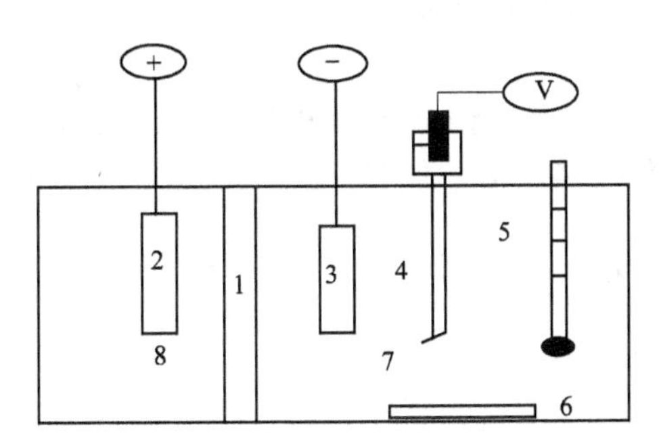

图 5-1 简易电解反应装置示意图

1—全氟阳离子交换膜；2—阳极；3—阴极（纯铅板）；4—甘汞电极；5—温度计；6—磁搅拌器；7—阴极电解液；8—阳极电解液

【仪器与试剂】

试剂：硫酸，草酸，均为分析纯。

仪器：稳压电源；磁力加热搅拌器；有机玻璃电解槽；恒定电位仪；全氟阳离子交换膜；饱和甘汞电极（SCE）；阴极材料：纯铅板；阳极材料：铂、纯铅板、铅板、钛基氧化铱板。

【实验步骤】

1. 样品的制备

(1) 在有机玻璃电解槽的阳极室加入质量分数为 9%～10%硫酸阳极电解液，以草酸溶液为阴极溶液。插入电极，与晶体稳压电源相连接，调节使其输出电压为 4.5V，用恒定电位仪控制阴极电位为－1.32V(SCE)，按设定的工艺条件电解。

(2) 电解开始后，每隔 0.5h 取样，测定乙醛酸的含量。电解结束后再对阴极室的电解液在真空状态下进行浓缩（温度在 30～50℃），然后冷却、分离（滤去草酸）、滤液再次真空蒸发直至达到要求的乙醛酸浓度。

(3) 草酸用离子交换树脂处理后重新回到阴极。

2. 产品分析鉴定

(1) 采用红外光谱对产品进行定性检测。

（2）采用亚硫酸氢钠-碘法对乙醛酸进行定量分析。

（3）采用钙盐法（pH＝3～4）沉淀草酸，经分离，用高锰酸钾氧化还原法进行定量测定。

【结果与讨论】

（1）写出阳极、阴极及副反应的电极反应式。

（2）阴阳极均采用纯铅板，电流密度为 400A/m^2，阴极液为草酸饱和溶液，按实验部分所述操作，考察温度对电流效率和乙醛酸的产率的影响。

（3）考察电极材料对电流效率和乙醛酸的产率的影响。

（4）按实验方法所述操作，分别在电流密度 J＝400A/m^2、450A/m^2、500A/m^2下进行电解。考察电流密度对乙醛酸产率的影响。

【预习思考题】

1. 分析温度、草酸饱和度影响乙醛酸产率的原因。

2. 举 1～2 个电解合成法在材料合成中应用的例子。

【参考文献】

[1] 钱玲．乙醛酸电解合成的研究［J］．连云港职业技术学院学报，2001，14（4）：15-17.

[2] 胡晓慧，剡翔飞等．草酸电解合成乙醛酸连续化工艺研究［J］．电化学，2005，11（4）：425-429.

实验 21　电解合成绿色环保水处理材料 K_2FeO_4

【实验目的】

1. 掌握电解合成 K_2FeO_4 的基本原理。

2. 了解水处理材料的种类和制备方法。

【背景介绍】

高铁酸钾是含有 FeO_4^{2-} 的一种化合物，其中心原子 Fe 以六价存在，在酸性条件下和碱性条件下的标准电极电势分别为 $E^{\ominus}_{FeO_4^{2-}/Fe^{3+}}=2.20V$，$E^{\ominus}_{FeO_4^{2-}/Fe(OH)_3}=0.72V$，因此，无论在酸性条件，还是碱性条件下高铁酸盐都具有极强的氧化性，可以广泛用于水和废水的氧化、消毒、杀菌。因此，高铁酸盐是备受关注的一类新型、高效、无毒的多功能水处理剂。在饮用水的处理过程中，集氧化、吸附、絮凝、沉淀、灭菌、消毒、脱色、除臭八大特点为一体的综合性能，是其他水处理剂不可比拟的。pH 在 6.0～6.5 时，每升水加 K_2FeO_4 6～10mg，常温下 30min 即可杀灭水体中致病菌、大肠杆菌、伤寒杆菌及病毒去除率为 99.5%～99.9%，无异味适口性好，达安全饮用标准。为此本产品在水处理系列产品中显示出超强的优势。

K_2FeO_4 对于废水中的 BOD、COD、铅、镉、硫等具有良好的去除作用，10～20mg/L 的高铁酸钾氧化 96%的 BOD，去除 86%的氨氮和 75%的磷，在印染、制革、印刷、造纸、制药、石油工业、石化工业等方面均具有较好应用潜力。该产品在水体净化中的独特效果是同时发挥氧化、吸附、絮凝、沉淀、灭菌、消毒、脱色、除臭的协同作用，并不产生任何有毒、有害的物质。用多功能的复合药剂强化与拓宽现行常规给水处理工艺的净水效能，可以不改变现有工艺流程，不增加大的附属设施，是适合我国国情的饮用水消毒技术，具有广阔的研究开发前景，并可能成为消毒技术研究的一个主要方向。

制备方法大体分为两类，一是由 K_2O_2 或 KNO_3 在 KOH 存在时于高温下将铁盐氧化成 K_2FeO_4 的固相氧化法，二是由 Na_2FeO_4 溶液与 KOH 发生复分解沉淀反应的沉淀转化法。后者依 Na_2FeO_4 溶液的来源分为次氯酸盐氧化法和电解法。次氯酸盐氧化法工艺过程中所涉及的物种较多，故其中的杂质种类较多，含量也较大。电解法所制 Na_2FeO_4 溶液中的杂质含量较低，但浓度普遍远小于 0.2mol/L。Na_2FeO_4 稀溶液不能利用传统的蒸发溶剂的方法来浓缩，若直接用来沉淀固体 K_2FeO_4，则效率低、成本高。由此可见，提高电解法 Na_2FeO_4 溶液的浓度，对于开发高纯度 K_2FeO_4 固体的廉价制备方法是非常必要的。

【仪器与试剂】

试剂：NaOH，KOH，均为分析纯。

仪器：隔膜式电解槽，铁网，泡沫镍，PVC 微孔膜为隔膜等。

【实验步骤】

1. Na_2FeO_4 溶液的制备

采用阳极室为 22mm（厚）×75mm（宽）×100mm（高）的隔膜式电解槽，编织铁网为阳极，泡沫镍为阴极，PVC 微孔膜为隔膜，浓度 14mol/L 的 NaOH 水溶液为电解液，在 20～30℃条件下，以 2.4～ 4A 的电流恒电流电解 5～6h 后，Na_2FeO_4 的浓度可达 0.23～

0.32mol/L。

2. K_2FeO_4固体的制备

在冰浴条件下将 20mL Na_2FeO_4滤液和 10mL 14.5mol/L 的 KOH 经砂芯漏斗混于同一抽滤瓶中，反应 2～3min，做成含有固体 K_2FeO_4晶种的母液。搅拌下分别以 6mL/min 和 3mL/min 的速度将 100mL Na_2FeO_4滤液和 50mL 14.5mol/L 的 KOH 溶液交替加入该抽滤瓶中，保持溶液温度小于 20℃，之后继续搅拌 5min。分别用环己烷、甲醇、乙醚多次冲洗滤饼，然后在 70～80℃烘干 2～3h，即得目标产物，置于干燥器中保存。滤饼质量与所用有机溶剂体积比为：m(滤饼)∶V(环己烷)∶V(甲醇)∶V(乙醚)=1g∶5mL∶10mL∶4mL。

【结果与讨论】

(1) 阳极液中 Na_2FeO_4的浓度与哪些因素有关?

(2) 得到的 K_2FeO_4滤饼中含有哪些杂质？如何纯化?

【参考文献】

杨长春，何伟春，石秋芝．电解合成 Na_2FeO_4制备 K_2FeO_4 [J]．应用化学，2006，19 (6)：564-568.

实验 22　电解法合成葡萄糖酸锰

【实验目的】

1. 掌握电解法合成葡萄糖酸锰的基本原理。

2. 了解葡萄糖酸锰的制备方法。

【背景介绍】

锰是人体必需的微量元素之一，人体每日需锰量 3～9mg，锰是机体中精氨酸酶、脯氨酸酞酶等的活性基团或辅助因子，它又是碱性磷酸酯酶、黄素激酶等的激活剂。哺乳动物缺锰时生长发育不良，性腺机能不全，骨骼异常和出现中枢神经系统损伤；锰对血液的生成密切相关，缺锰时会发生进行性贫血，补锰可减少肝脏的脂肪，抑制红斑狼疮细胞的形成。在体内锰和其他一些微量元素如 Fe、Zn、Ca、Mg、Cu、K、Se 等起协同代谢作用，从而表明锰是不可缺少的微量元素。近来研究表明葡萄糖酸锰易被人体吸收、无毒、无副作用，所以发达国家已把葡萄糖酸锰作为人体补锰首选添加剂或药物。锰的有机盐多为精细化学品，具有较高的经济附加值，值得研究开发。

最早用电解法成功制成葡萄糖酸盐的是印度的 Sandoz 公司，此后各国研究人员进一步深入研究，对电解槽结构、隔膜、电极、电解液组成等方面做了较为深入的研究并取得了很大的进展。本实验采用无隔膜电解槽电解法合成葡萄糖酸锰。

【仪器与试剂】

试剂：工业葡萄糖，溴化钠，碳酸锰，均为化学纯。

仪器：安有搅拌器的无隔膜电解槽（5000mL，1Cr18Ni9Ti 不锈钢为阴极，Ti 基 Ru-Ti-Ir 涂层电极为阳极），直流电源 GD-30A，旋转蒸发器。

【实验步骤】

1. 样品的制备

（1）在无隔膜的电解槽中注入葡萄糖水溶液，NaBr 为电解质，将 Br^- 电解氧化为单质 Br_2，紧接着单质 Br_2 将电解液中的葡萄糖氧化为葡萄糖酸，伴随着这一过程 Br_2 自身又被还原为 Br^-，随后再次在阳极被氧化为 Br_2。

（2）如此循环逐渐将电解液中的葡萄糖全部转化为葡萄糖酸。电解生成的葡萄糖酸与可溶性的锰盐如氢氧化亚锰、碳酸锰等反应就化合生成了葡萄糖酸锰，经浓缩结晶即可得到产品。

2. 样品的表征

红外光谱仪测试样品的光谱特性。

【结果与讨论】

（1）电解液的组成：葡萄糖溶液的浓度为 0.8mol/L，NaBr 的浓度为 0.2mol/L，电解液的 pH＝8～9，电解至理论电量为止，电解过程阳极电流密度从 0.5A/dm^2 逐渐增大到 4.0A/dm^2，考察电流密度对葡萄糖酸产率的影响。

（2）电解液的组成：葡萄糖溶液的浓度为 0.8mol/L，NaBr 的浓度为 0.2mol/L，电解液的 pH＝8～9，阳极的电流密度取 4.0A/dm^2，输入的电解电量为 100％时，电解浴温度由

20℃逐渐升为60℃，考察电解浴温度对葡萄糖酸产率的影响。

(3) 电解液的组成：葡萄糖溶液的浓度为0.8mol/L，NaBr的浓度为0.2mol/L，电解液的pH=8～9，阳极的电流密度取4.0A/dm^2，电解浴温度为50℃时，向电解槽中输入不同的电解电量，考察不同的电解电量对葡萄糖酸产率的影响。

【预习思考题】

了解葡萄糖酸锰的制备方法和用途。

【参考文献】

赵崇涛，朱则善．葡糖酸锰的电解合成［J］．中国锰业，1999，17（2）：39-42.

第 6 章　定向凝固法实验

【背景介绍】

凝固是一种极为普遍的物理现象。物质凡由液态到固态的转变一般都经历凝固过程，它广泛存在于自然界和工程技术领域。从雪花凝结到火山熔岩固化，从铸锭的制造到工农业用铸件及历史文物中各类艺术铸品的生产，以及超细晶、非晶、微晶材料的快速凝固，半导体及各种功能晶体从液相的生长，均属凝固过程。可以说几乎一切金属制品在其生产流程中都要经历一次或多次的凝固过程。

定向凝固是在高温合金的研制中建立和完善起来的。该技术最初用来消除结晶过程中生成的横向晶界，从而提高材料的单向力学性能。由于定向凝固技术能得到一些具有特殊组织取向和优异性能的材料，因而自它诞生以来得到了迅速发展。近些年来，随着定向凝固技术的发展，定向凝固的实验研究也不断深入。

6.1　定向凝固技术的发展过程

所谓定向凝固，就是指在凝固过程中采用强制手段，在凝固金属样未凝固熔体中建立起沿特定方向的温度梯度，从而使熔体在气壁上形核后沿着与热流相反的方向，按要求的结晶取向进行凝固的技术。该技术最初是在高温合金的研制中建立并完善起来的。采用、发展该技术最初用来消除结晶过程中生成的横向晶界，从而提高材料的单向力学性能。该技术运用于燃气涡轮发动机叶片的生产，所获得的具有柱状乃至单晶组织的材料具有优良的抗热冲击性能、较长的疲劳寿命、较高的蠕变抗力和中温塑性，因而提高了叶片的使用寿命和使用温度，成为当时震动冶金界和工业界的重大事件之一。

定向凝固技术除用于高温合金的研制外，还逐渐推广到半导体材料、磁性材料、复合材料等的研制中，并成为凝固理论研究的重要手段之一。热流的控制是定向凝固技术中的重要环节，获得并保持单向热流是定向凝固成功的重要保证。伴随着对热流控制（不同的加热、冷却方式）技术的发展，定向凝固技术经历了由炉外法、功率降低法、快速凝固法直到液态金属冷却法等的发展过程。

6.1.1　发热铸型法

发热铸型法是定向凝固技术发展的起始阶段，是最原始的一种。这种方法无法调节温度梯度和凝固速度，单向热流条件很难保证，故不适合大型优质铸件的生产。但该方法工艺简单，成本低，在小批量零件生产中有应用。

6.1.2　功率降低法（PD 法）

将保温炉的加热器分成几组，分段加热保温炉。当熔融的金属液置于保温炉内后，在从底部对铸件冷却的同时，自下而上顺序关闭加热器，金属则自下而上逐渐凝固，从而在铸件中实现定向凝固。通过选择合适的加热器件，可以获得较大的冷却速度，但是在凝固过程中温度梯度是逐渐减小的，致使所能允许获得的柱状晶区较短，且组织也不够理想；加之设备相对复杂，且能耗大，限制了该方法的应用。

6.1.3 快速凝固法（HRS）

为了改善功率降低法在加热器关闭后，冷却速度慢的缺点，在Bridgman晶体生长技术的基础上发展了一种新的定向凝固技术，即快速凝固法。该方法的特点是铸件以一定的速度从炉中移出或炉子移离铸件，采用空冷的方式，而且炉子保持加热状态。这种方法由于避免了炉膛的影响，且利用空气冷却，因而获得了较高的温度梯度和冷却速度，所获得的柱状晶间距较长，组织细密挺直，且较均匀，使铸件的性能得以提高，在生产中有一定的应用。

6.1.4 液态金属冷却法（LMC法）

HRS法是由辐射换热来冷却的，所能获得的温度梯度和冷却速度都很有限。为了获得更高的温度梯度和生长速度，在HRS法的基础上，将抽拉出的铸件部分浸入具有高热导率的高沸点、低熔点、热容量大的液态金属中，形成了一种新的定向凝固技术，即LMC法。这种方法提高了铸件的冷却速度和固液界面的温度梯度，而且在较大的生长速度范围内可使界面前沿的温度梯度保持稳定，结晶在相对稳态下进行，能得到比较长的单向柱晶。

常用的液态金属有Ga-In合金和Ga-In-Sn合金，以及Sn液，前二者熔点低，但价格昂贵，因此只适于在实验室条件下使用。Sn液熔点稍高（232℃），但由于价格相对比较便宜，冷却效果也比较好，因而适于工业应用。该法已被美国、前苏联等用于航空发动机叶片的生产。

6.1.5 新型定向凝固技术

近30年来，定向凝固技术在生产与实验室的实践表明，传统定向凝固技术至少存在两个问题：

(1) 从强制性晶体生长方式来看，冷却速度受控于固相端热量的导出，这不仅使导出的热量多少受到限制，而且冷却速度还将随拉出距离与铸件长度的增加而变化，均匀冷却速度的获得必须借助于抽拉系统的计算机控制和多区加热等复杂手段，即使在较先进的超高梯度定向凝固中，由于冷速的限制，组织粗大与偏析缺陷也时有发生。

(2) 追求高的温度梯度造成生产成本的不断增加，以及获得缓慢的抽拉速度而造成生产周期的延长问题，也日益严重影响传统定向凝固技术的广泛应用与发展。为了进一步细化材料的组织结构，就需提高凝固过程的冷却速度，而冷却速度的提高，可通过提高凝固过程中固液界面前沿的温度梯度和生长速度的比值来实现。如何采用新工艺去实现高温度梯度和高生长速度的定向凝固技术，继而制备具有更优越性能的新材料，是众多研究人员所追求的目标之一。

新型的定向凝固技术包括：超高温度梯度定向凝固（ZMLMC法）；电磁约束成型定向凝固（DSEMS）；单晶连铸技术；深过冷定向凝固（DUDS）；经熔体热处理的定向凝固；激光超高温度梯度快速定向凝固（LRM）等。

6.2 定向凝固技术的应用及凝固理论的研究进展

6.2.1 定向凝固技术的工业应用

应用定向凝固方法，得到单方向生长的柱状晶，甚至单晶，不产生横向晶界，较大地提高了材料的单向力学性能。目前，定向凝固技术的最主要应用是生产具有均匀柱状晶组织的铸件，特别是在航空领域生产高温合金的发动机叶片，与普通铸造方法获得的铸件相比，它使叶片的高温强度、抗蠕变和持久性能、热疲劳性能得到大幅度提高。对于磁性材料，应用定向凝固技术，可使柱状晶排列方向与磁化方向一致，大大改善了材料的磁性能。定向凝固技术也是制备单晶的有效方法。定向凝固技术还广泛用于自生复合材料的生产制造，用定向凝固方法得到的自生复合材料消除了其他复合材料制备过程中增强相与基体间界面的影响，使复合材料的性能大大提高。

6.2.2 定向凝固理论的研究进展

定向凝固技术的另一个重要应用就是用于凝固理论的研究。定向凝固技术的发展直接推动了凝固理论的发展和深入，从 Chalmers 等的成分过冷理论到 Mullins 等的界面稳定动力学理论（MS 理论），人们对凝固过程有了更深刻的认识。MS 理论成功地预言了随着生长速度的提高，固液界面形态将经历平界面→胞晶→树枝晶→胞晶→带状组织→绝对稳定平界面的转变。近年来对 MS 理论界面稳定性条件所做的进一步分析表明，MS 理论还隐含着另一种绝对稳定性现象，即当温度梯度 G 超过一临界值 G_a 时，温度梯度的稳定化效应会完全克服溶质扩散的不稳定化效应，这时无论凝固速度如何，界面总是稳定的，这种绝对稳定性称为高梯度绝对稳定性。因此，寻求新的实验方法实现高梯度绝对稳定性，揭示在这种极端条件下凝固过程的新现象和新规律，并在此基础上对该新现象予以更加准确的理论描述，成为当前急需进行的具有重大理论意义的研究工作。

【参考文献】

李雯霞．定向凝固技术现状与展望［J］．中国铸造装备与技术，2009，2：9-13.

实验 23　定向凝固对 AZ31 镁合金凝固组织的影响

【实验目的】

1. 掌握定向凝固法基本原理。

2. 了解镁合金材料的制备方法。

【背景介绍】

镁合金是目前最轻的金属结构材料，具有导电、导热性、电磁屏蔽性良好，比强度和比刚度高，减震性好，切削加工和尺寸稳定性佳，易回收，有利于环保等优点，被誉为“21世纪的绿色工程材料”，在航空、汽车、电子等领域获得了越来越广泛的应用，并表现出强劲的发展势头。近年来镁合金产量在全球的年增长率高达 25%。

在镁合金材料中，大部分成品都是采用铸造方法得到的。对于一些结构相同的产品，其他材料可以使用塑性加工成型，而对于镁合金在现有的水平下却只能用铸造的方法得到。铸件由于铸造缺陷的存在使其力学性能大打折扣。所以应加大对变形镁合金的研究力度。

在常规的变形镁合金的研究过程中，人们主要通过合金化、精炼、变质处理、电磁搅拌、熔体净化等工艺或方法来改变合金的凝固组织。定向凝固是指在凝固过程中采用强制手段，在凝固金属和未凝固金属熔体中建立起特定方向的温度梯度，从而使熔体沿着与热流相反的方向凝固，最终得到具有特定取向柱状晶的技术。

【仪器与试剂】

试剂：实验用料为 AZ31 镁合金。

仪器：定向凝固系统，该设备由熔化系统、控制系统、冷却系统和真空系统 4 部分组成。

【实验步骤】

1. 样品的制备

(1) 根据金属镁的特性，实验采用外径 ϕ12mm、壁厚 0.5mm 的不锈钢管作为坩埚，把不锈钢管插入熔融的经过精炼的 AZ31 镁合金溶液中，用洗耳球吸出试棒，此试棒用于定向凝固实验。

(2) 把试棒装入定向凝固系统中，抽真空至所定值，再充入氩气保护。实验参数见表 6-1。

表 6-1　实验参数

试　　样	拉　　速/(μm/s)	温　　度/℃
1#		
2#		
…		

(3) 所有试样都在 700～800℃下保温 30～40min，然后以恒定拉速（5～20μm/s）进行定向凝固实验。

(4) 把定向凝固实验后得到的样品横剖和纵剖，经过打磨和抛光，用 5g 苦味酸＋5g 冰醋酸＋90mL 酒精＋10mL 水的腐蚀液进行腐蚀。

2. 样品的表征

用超景深三维显微系统 VHX-600 观察铸态显微组织。

【结果与讨论】

（1）对比普通凝固与定向凝固的铸态显微组织，并分析原因。

（2）对比不同拉速下的宏观组织，总结拉速对组织的影响规律。

（3）相同拉速条件下，不同生长阶段的纵截面对比。

【预习思考题】

1. 写出定向凝固技术的步骤。

2. 举 1～2 个定向凝固技术在材料合成中应用的例子。

【参考文献】

陈孝先，李秋书，范艳艳．定向凝固对 AZ31 镁合金凝固组织的影响［J］．中国铸造装备与技术，2009，(2)：19-21.

实验 24　定向凝固条件下二元 Mg-Li 合金共晶组织的研究

【实验目的】

1. 掌握定向凝固法基本原理。

2. 了解微波介质材料的制备方法、二元 Mg-Li 合金共晶相间距及 β 相平均厚度与生长速度的关系。

【背景介绍】

在航天、航空及兵器工业中，为了节省能源及满足高速、远程的需要，轻质合金一直是人们所关注的材料之一。Al-Li 合金作为铝系轻质结构材料经多年的研究已达到应用阶段。虽然 Al-Li 合金具有较高的强度，但最大的弱点是塑、韧性低，使其应用受到一定的限制。与 Al-Li 合金相比，Mg-Li 合金有极优良的塑、韧性，室温下允许变形量可达 50%～60%。与传统镁合金相比，强度和塑、韧性都超过传统镁合金。Mg-Li 合金的密度可达 1.35～1.65g/cm^3，比传统镁合金轻 3/4，比 Al-Li 合金轻 1/2 左右，有超轻合金之称。近年来，Mg-Li 合金独有的高比强度、高比刚度、优良的减振性能以及较好的抗高能粒子穿透能力受到极大的关注。国外对 Mg-Li 合金的研究十分活跃。

Mg-Li 合金属于共晶系合金，相图见图 6-1。587℃进行共晶转变，即 L→α+β。α 和 β 相分别是以 Mg 和 Li 为基的固溶体，在共晶温度下，α 相的极限固溶度为 5.7%（质量分数，下同）Li。Li 量在 5.7%～10.3%的为 α+β 两相合金，温度下降，组织不发生转变。可见 Mg-Li 合金非常适合制备共晶复合材料。本实验在定向凝固条件下，研究 Mg -Li 合金共晶组织形貌，探讨制备 Mg-Li 共晶复合材料。

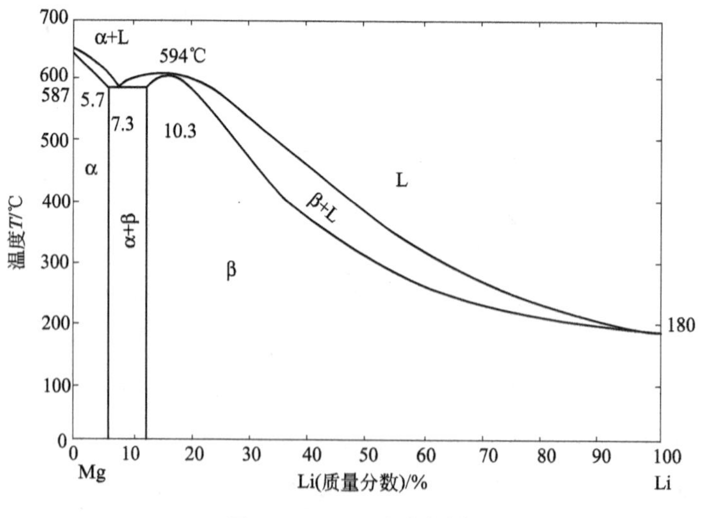

图 6-1　Mg-Li 合金相图

【仪器与试剂】

试剂：以纯镁及高纯锂作为原料，盐酸和乙醇均为分析纯。

仪器：熔化及浇注设备，熔化坩埚，加料钟罩，锭模（高纯石墨），定向凝固实验坩埚（氮化硼），光学显微镜。

【实验步骤】

1. 样品的制备

(1) 以纯镁及高纯锂作为原料，使用熔化及浇注设备，在氩气保护条件下配制合金。

(2) 定向凝固实验使用自上而下的垂直凝固装置，在氩气保护条件下进行。晶体生长速度为 4～5μm/s。

2. 样品的表征

金相试样使用刚玉研磨膏抛光，10%盐酸＋乙醇腐蚀，在光学显微镜上观察金相组织形貌。

【结果与讨论】

考察共晶相片间距 (λ) 和生长速度 (R) 之间的关系。

【预习思考题】

了解 Mg-Li 合金的用途和制备方法。

【参考文献】

彭德林，邢大伟，安阁英．定向凝固条件下二元 Mg-Li 合金共晶组织的研究 [J]．哈尔滨工业大学学报，1999，31 (1)：10-12.

第 7 章　化学气相沉积法实验

【背景介绍】

化学气相沉积是一种材料表面改性技术。它可以利用气相间的反应，在不改变基体材料的成分和不削弱基体材料的强度条件下，赋予材料表面一些特殊的性能。目前，由化学气相沉积技术制备的材料，不仅应用于刀具材料、耐磨耐热耐腐蚀材料、宇航工业上的特殊复合材料、原子反应堆材料及生物医用材料等领域，而且被广泛应用于制备与合成各种粉体材料、块体材料、新晶体材料、陶瓷纤维及金刚石薄膜等。在作为大规模集成电路技术的铁电材料、绝缘材料、磁性材料、光电子材料的薄膜制备技术方面，更是不可或缺。

1. CVD 的原理

化学气相沉积（CVD，chemical vapor deposition）是把含有构成薄膜元素的气态反应剂或液态反应剂的蒸气及反应所需其他气体引入反应室，在衬底表面发生化学反应，并把固体产物沉积到表面生成薄膜的过程。图 7-1 是 CVD 法原理示意图。

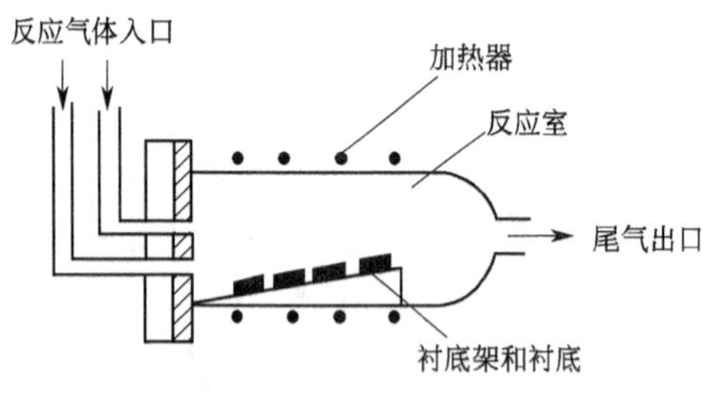

图 7-1　CVD 法原理示意图

它包括 4 个主要阶段：①反应气体向材料表面扩散；②反应气体吸附于材料的表面；③在材料表面发生化学反应；④气态副产物脱离材料表面。在 CVD 中运用适宜的反应方式，选择相应的温度、气体组成、浓度、压力等参数就能得到具有特定性质的薄膜。但是薄膜的组成、结构与性能还会受到 CVD 内的输送性质（包括热、质量及动量输送）、气流的性质（包括运动速度、压力分布、气体加热等)、基板种类、表面状态、温度分布状态等因素的影响。因此，只有通过充分的热力学研究，了解各种参数对析出产物组成、结构与性能的影响，才能获得我们所希望的材料。

2. CVD 的特点

由 CVD 技术所形成的膜层致密且均匀，膜层与基体的结合牢固，薄膜成分易控，沉积速度快，膜层质量也很稳定，某些特殊膜层还具有优异的光学、热学和电学性能，因而易于实现批量生产。但是，CVD 的沉积温度通常很高，在 900～2000℃，容易引起零件变形和组织上的变化，从而降低机体材料的力学性能并削弱机体材料和镀层间的结合力，使基片的选择、沉积层或所得工件的质量都受到限制。目前，CVD 技术正朝着中、低温和高真空两个方向发展，并与等离子体、激光、超声波等技术相结合，形成了许多新型的 CVD 技术。

化学气相沉积法作为一种非常有效的材料表面改性方法，具有十分广阔的发展应用前景。它对于提高材料的使用寿命、改善材料的性能、节省材料的用量等方面起到了重要的作用，为社会带来了显著的经济效益。随着各个应用领域要求的不断提高，对化学气相沉积的研究也将进一步深化，CVD 技术的发展和应用也将跨上一个新的台阶。

【参考文献】

[1] 刘志宏，张淑英等．化学气相沉积制备粉体材料的原理及研究进展 [J]．粉末冶金材料科学与工程，2009，14 (6)：359-364.

[2] 杨西，杨玉华．化学气相沉积技术的研究与应用进展 [J]．甘肃水利水电技术，2008，44 (3)：211-213.

实验 25　化学气相沉积法制备纳米金刚石薄膜

【实验目的】

1. 掌握化学气相沉积法基本原理。

2. 了解金刚石薄膜的制备方法。

【背景介绍】

纳米金刚石镀膜，是一种源于太空技术的镀膜技术。该技术生产的纳米级非晶金刚石薄膜最薄可以达到 2nm，金刚石结构 SP3 的含量超过 80%。这样的薄膜具有天然金刚石的许多优异特性：它生成的薄膜具有超硬、耐磨、高绝缘、高热导率、摩擦系数低、膜层均匀、致密度高、耐腐蚀和附着力强等特点，薄膜无色透明，对材质的光学特性基本不产生影响。

太空技术基于金刚石诸多优异的力、热、光、电等性质，优良的化学惰性，以及很好的热稳定性等，在机械、光学、电子学及声学等领域都有着广阔的应用前景，但是由于其数量稀少且价格昂贵，早期在现实中的应用是十分有限的。

20 世纪 80 年代初，苏联等国的科研人员发明了低压气相合成金刚石膜技术，用该种方法制备的金刚石薄膜，其性能接近天然金刚石（钻石），因而金刚石薄膜一经问世就迅速达到商业化应用的水平，从而在世界范围内掀起了研究金刚石薄膜的热潮。经过 30 多年的研究，金刚石薄膜在机械加工领域已经获得成功应用，尤其是在切削领域，如使用金刚石薄膜后的刀具可显著延长使用寿命。

随着光学玻璃抛光工艺不断向前发展，对抛光材料的选取有了新的要求，纳米金刚石具有高硬度、高耐磨性、低摩擦系数等优点，具备良好的磨削性能因而金刚石薄膜又被逐渐应用于精细抛光等领域，最早被应用于金属上。

纳米金刚石镀膜可用于人工关节、骨板及骨钉的表面处理技术，它应用纳米金刚石薄膜对钛合金进行表面改性，改善其微量离子释放、污染组织、引起发炎等不良问题，以制作合乎要求的人工关节、骨板及骨钉，并充分利用了金刚石膜良好的生物相容性及最佳的化学稳定性。

本实验探讨利用微波等离子体化学气相沉积法制备高质量的超纳米金刚石薄膜的过程，并利用扫描电镜、原子力显微镜及激光拉曼光谱对制备的薄膜进行相关的表征。

【仪器与试剂】

试剂：CH_4气体。

仪器：MPCVD 装置，其主要结构如图 7-2 所示，微波频率 2.45GHz，额定功率 1.5kW，采用红外测温仪测量样品温度。

【实验步骤】

1. 样品的制备

（1）首先采用对 10mm×10mm 镜面抛光的 n 型 Si(100) 单晶基片两步机械研磨预处理方法来增强成核：先用粒度为 0.5μm 的金刚石微粉对基片表面进行手工研磨，再用混有粒度为 40μm 金刚石粉的乙醇悬浮液超声研磨处理 20min，最后用无水乙醇清洗，吹干后放入样品室备用。

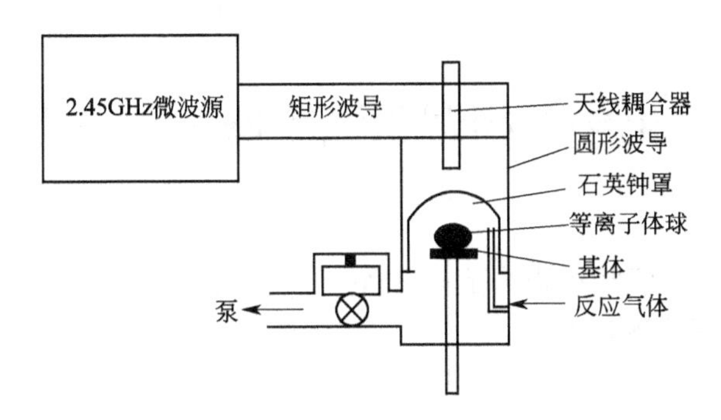

图 7-2　石英钟罩式 MPCVD 装置的结构简图

(2) 具体工艺参数如下：Ar、CO_2、CH_4 的流量分别为 70～100mL/min、7～10mL/min、7～10mL/min，且保持不变，微波功率 1300W，压力 10.300kPa，沉积温度 700～800℃，沉积时间为 4～7h。生长结束后再用 H_2 等离子对样品表面进行 20～30min 的原位刻蚀处理，以除去表面残留的石墨等非金刚石相。

2. 样品的表征

(1) 用激光拉曼光谱仪分析碳的各种键合状态。

(2) 用扫描电镜观察薄膜的表面形貌。

(3) 用扫描探针显微镜观测薄膜表面的三维形貌。

【结果与讨论】

(1) 通过拉曼光谱仪分析金刚石薄膜的内应力及物相纯度的变化。

(2) 用扫描电镜评价所得膜材的晶粒尺寸大小及组织结构特点。

(3) 通过扫描探针显微镜（AFM）确定超纳米金刚石膜的表面粗糙度及膜材的晶粒尺寸大小。

【预习思考题】

1. 分析化学气相沉积条件材料品质的原因。

2. 举 1～2 个化学气相沉积技术在材料合成中应用的例子。

【参考文献】

王玉乾，王兵等．化学气相沉积法制备超纳米金刚石薄膜 [J]．材料导报，2009，23 (7)：54-56.

实验 26　化学气相沉积法制备 ZnO 透明导电膜

【实验目的】

1. 掌握金属有机化学气相沉积法基本原理。

2. 了解透明导电膜的制备方法。

【背景介绍】

透明导电膜（TCO）在太阳能电池上主要用作电池的透明电极，有些还可同时作为减反射膜。不同透明导电膜的电学、光学以及结构等都不相同，亦对太阳能电池的光电特性和输出特性（如电池的内外量子效率、短路电流、开路电压、填充因子等）产生不同的影响。一般，在太阳能电池中对透明导电膜的要求是载流子浓度高、带隙宽度大、光电特性好、化学性质稳定、较低的电阻率、机械强度高以及优良的耐磨损性等。

透明导电氧化物薄膜材料一般具有以下基本特点：禁带宽度大于 3eV，具有紫外截止性；可见光区的透过率一般大于 80%；红外光区的反射率一般大于 80%；对微波具有强的衰减性等。目前一般应用于太阳能电池和液晶显示器的透明电极、电磁防护屏以及建筑玻璃的红外反射涂层等。

ZnO 作为一种直接带隙宽禁带半导体材料，室温下禁带宽度为 3.37eV，激子束缚能高达 60meV，具有优良的光电和压电性能。ZnO 薄膜具有 c 轴择优生长的特点，晶粒呈生长良好的六角纤锌矿结构。ZnO 晶体是由 O 的六角密堆积和 Zn 的六角密堆积反向嵌套而成的。这种结构的薄膜电阻率高于 $10^6\Omega\cdot cm$。ZnO 晶体中每一个 Zn 原子都位于 4 个相邻的 O 原子所形成的四面体间隙中，但只占据其中半数的 O 四面体空隙，O 原子的排列情况与 Zn 原子相同。因而这种结构比较开放，半径较小的组成原子易变成间隙原子，Al 离子半径比 Zn 离子半径小，Al 原子容易成为替位原子进入 Zn 原子的位置，也容易成为间隙原子。ZnO 薄膜掺杂 Al 之后，可以形成 ZAO 薄膜，导电性能大幅度提高，电阻率可降低到 $10^{-4}\Omega\cdot cm$。Al 掺杂后，不仅可以降低电阻率，还可以提高薄膜的稳定性。

制备 ZnO 薄膜的方法有很多，如：磁控溅射法，分子束外延，激光脉冲沉积，电子束热蒸发，金属有机化学气相沉积（metal organic chemical vapor deposition，MOCVD）等。MOCVD 法是利用金属有机化合物进行金属运输的一种气相外延生长技术。

【仪器与试剂】

试剂：乙酰丙酮锌，乙酰丙酮铝，水蒸气，氮气。

仪器：MOCVD 装置。

【实验步骤】

1. 样品的制备

（1）以乙酰丙酮锌、乙酰丙酮铝分别为锌源和铝源，水蒸气为氧源，氮气为载气，在无机玻璃衬底上沉积 Al 掺杂 ZnO 薄膜。

（2）Al 的摩尔分数为 2%～4%，衬底温度在 160～260℃。

2. 样品的表征

（1）用椭偏仪测试膜厚。

（2）用四探针双电测电阻仪得到薄膜的电阻率、方块电阻。

(3) 用紫外-可见分光光度计测试薄膜透光性。

(4) 采用 X 射线衍射仪进行物相分析。

(5) 用场发射扫描电镜观察薄膜形貌。

【结果与讨论】

(1) 对比 ZAO 薄膜的 XRD 图谱，分析 Al 进入 ZnO 晶格，Al^{3+} 对 Zn^{2+} 的掺杂替代对晶格的影响。

(2) 考察衬底温度和反应气流量对沉积速度的影响。

【预习思考题】

了解传统透明导电氧化物的种类及其制备方法。

【参考文献】

[1] 谢春燕，张跃．金属有机化学气相沉积法制备 Al 掺杂 ZnO 透明导电膜 [J]．硅酸盐学报，2010，38 (1)：21-24.

[2] 裴志亮，谭明晖等．透明导电氧化物 ZnO：Al(ZAO) 薄膜的研究 [J]．金属学报，2000，36 (1)：72-76.

第8章　低温固相合成法实验

【背景介绍】

纳米材料被誉为面向21世纪的高功能材料，成为近年来研究开发的热点。纳米材料的制备方法很多，可归纳为固相法、气相法和液相法三大类。其中固相法又可分为机械粉碎和固相化学反应法，机械粉碎法能耗较高，粒径一般难以达到100nm以下。固相化学反应法可分为低热、中热和高热三类，中热和高热在合成传统材料上应用较广，但由于温度较高难以合成出纳米材料。低温（热）固相化学反应是从20世纪80年代末发展起来的一种新的合成方法，近几年来取得了较大进展。它是一种简单、方便、无污染、成本低的合成路线，具有工艺简单、能耗低、无需溶剂、产率高、制备条件温和等优点。与液相法相比其最大的优点是反应充分、无副反应、无污染、无溶剂残留，而且还可以合成一些液相无法合成的物质，并可以克服制备过程中固体物质易团聚而引起粒径增大的缺点。

低温固相反应法可一步合成各种单组分纳米粉体，并进一步开拓了固相反应法制备纳米材料这一崭新领域，取得了令人耳目一新的成果，如在深入探讨影响固相反应中产物粒子大小的因素的基础上，实现了纳米粒子大小的可调变；利用纳米粒子的原位自组装制备了各种复合纳米粒子。该法不仅使合成工艺大为简化，降低成本，而且克服由中间步骤及高温固相反应引起的诸如产物不纯、粒子团聚、回收困难等不足，为纳米材料的制备提供了一种价廉而又简易的新方法，亦为低温固相反应在材料化学中找到了极有价值的应用。近几年来，有机固相反应的研究取得了一定进展，大约已经报道了500多种固相有机反应，而在无机低热固相反应领域，不仅已合成200多个具有优越的三阶非线性光学特性的新簇合物，还成功制备了几十种纳米无机材料。短短几年间低温固相化学反应法在纳米材料合成领域已经得到许多成功应用，正逐步发展成为合成领域的一个分支。

低温固相反应合成方法可分为：

（1）直接反应法　直接反应法是应用最为广泛的一种低温固相反应的方法。通过将两种或两种以上的反应物直接混合即可发生反应。其反应条件要求不高、操作简便。一般采用研磨或其他手段来改善固-固接触，加快反应速率。反应结束后将所得产物再经过超声洗涤和离心分离去除副产物从而得到纯净的产物。为了得到纳米晶体，有些产物需要在一定温度下煅烧一段时间以使其凝成晶型。

（2）氧化法　氧化法是通过低温固相反应先得到还原性产物，再通过煅烧等手段氧化得到目标产物的方法。通过氧化法可以制备那些在低温固相反应中动力学稳定的还原性产物，再通过煅烧即可氧化得到需要制备的热力学稳定的产物。

（3）前驱体法　前驱体法和直接反应法基本相同，区别在于直接反应法反应得到的就是目标产物，而前驱体法则是首先通过低温固相反应法制备出不同于目标产物的前驱体，然后再通过煅烧等手段使前驱体分解，从而得到目标产物。前驱体法是适用范围特别广泛的方法，通过前驱体法可以得到很多不能直接用低温固相反应获得的产物，也可以通过前驱体法控制产物的晶型、形貌和颗粒大小，从而得到和直接反应法所得产物具有不同特性的相同化合物。所得前驱体主要可归为以下两类。一类是有机酸盐，它们不稳定受热易分解，从而得到无机纳米材料。此类前驱体多数为配合物。另一类是添加表面活性剂法，添加表面活性剂法与直接反应法的区别在于在反应物中加入表面活性剂一起反应。表面活性剂的加入并不会改变反应，它可以在界面发生吸附，只是起到一个类似模板的作用，和加入无机盐一样。加入各种不同的表面活性剂可能使所得到的产物改变其形貌、颗粒大小。添加表面活性剂的方法也经常和添加无机盐前驱体法结合使用。

(4) 配体法　配体法和前驱体法相似，都是首先通过低温固相反应法制备出不同于目标产物的前驱体，然后再通过煅烧等手段使前驱体分解，或用配位能力更强的其他配体夺取阳离子，从而得到目标产物的方法，所不同的是配体法特指所得的前驱体是通过配位作用相结合的配合物。

【参考文献】

宋凤兰．红色长余辉发光材料的低温固相合成及其发光性能研究 [D]．中南民族大学硕士学位论文，2008：6-9.

实验 27 低温固相法合成半导体材料 CdS

【实验目的】

1. 掌握低温固相法基本原理。

2. 了解纳米 CdS 的制备方法。

【背景介绍】

半导体光电子材料经过几十年的发展，已经成为在国民经济和军事等领域得到广泛应用、充满生机的一类电子信息材料。纳米材料是指尺寸为 1～100nm 的各种固体材料。纳米半导体光电子材料是纳米材料家族中的重要成员，它的崛起是光电子材料发展的一次新的飞跃，成为发展新特性、新效应、新原理和新器件的基础。当半导体光电子材料的尺寸减小到纳米量级时，其物理长度与电子自由程相当，载流子的输运将呈现量子力学特性，宏观固定的准连续能带消失而表现出分裂的能级，因而传统的理论和技术已不再实用。纳米半导体光电子材料技术是一种多学科交叉的科学和技术，充满了巨大的创新机遇和广阔的发展前景。

目前，国内外学者已经建立和发展了多种合成纳米材料的方法，固相合成法就是其中之一。但高温固态反应只限于制备那些热力学稳定的化合物，对于低热条件下稳定的亚稳态化合物或动力学上稳定的化合物不适于采用高温合成。为此，人们在提高固态反应速率，降低反应温度等方面做了大量工作，发展了一些新的合成方法，如水热法、软化学法、熔融法、自蔓延法等，但这些方法存在控制复杂、设备操作费高、污染严重等缺点，因而应用受到限制。低温固相化学反应是近年来发展起来的一种全新的合成方法，具有操作工艺简单、产率高、易操作、高选择性、节省能源等优点，且不需要复杂的设备，污染少，合成过程中不使用溶剂，从而可避免在液相合成中出现的硬团聚现象，是合成纳米材料的一种简易可行的新方法。

CdS 是一种重要的Ⅱ-Ⅵ族半导体材料。CdS 纳米材料具有既有别于体相材料又不同于单个分子的特殊性质。量子尺寸效应使 CdS 的能级改变、能隙变宽，吸收和发射光谱向短波方向移动，直观上表现为颜色的变化——蓝移。当 CdS 纳米粒子的尺寸为 5～6nm 时，其颜色已由体材料的黄色变为浅黄色。纳米粒子表面效应引起 CdS 纳米粒子的表面原子输运和构型的变化，同时也引起表面电子自旋构象和电子能谱的变化，对其光学、电学等性能具有重要影响。因而在催化、非线性光学、磁性材料、光电子器件、太阳能转换、生物、通信等领域有广阔的应用前景，如发光二极管、太阳能电池、传感器、光催化、荧光探针等。

目前国内外学者已建立和发展了多种合成 CdS 纳米粒子的方法。如：将含有金属和硫离子（M-S）结合起来的分子化合物进行热分解或者在高温下分解有毒的 H_2S 作为 S^{2-} 的源来合成 CdS 纳米粒子；利用化学沉淀的方法将金属离子和 Na_2S 产生的 S^{2-} 进行沉淀；水热-溶剂热法；SBA-15 模板法；电化学法；溶胶-凝胶法等。虽然这些方法都能合成出 CdS 纳米粒子，但是也还存在着一些不足之处。比如反应过程复杂，不易控制；反应物不容易得到；反应需要的时间长，温度高等。因此，探索合成 CdS 低维纳米结构材料的新方法具有极其重要的意义。本实验利用表面活性剂（聚乙二醇或聚氧乙烯-9-醚）为形状和晶相控制剂，通过简单的一步固相合成法合成出形状和晶相可控的 CdS 纳米晶。

【仪器与试剂】

试剂：$CdCl_2 \cdot 2.5H_2O$，$Na_2S \cdot 9H_2O$，聚乙二醇 400(PEG400)，CH_3CSNH_2(TAA)，聚氧乙烯-9-醚(NP-9)，NaOH 固体，均为化学纯试剂。

仪器：研钵。

【实验步骤】

1. 样品的制备

方法一：

(1) 将 5.8g $CdCl_2 \cdot 2.5H_2O$ 和 6.1g $Na_2S \cdot 9H_2O$ 分别研磨成细粉状，然后将两种细粉混合，加入 8mL 表面活性剂（PEG400 或 NP-9）后研磨 20min。

(2) 将所得黄色产物反复用去离子水洗至 pH=7，在 80℃烘干 5h，在 100℃烘干 1h，记为 CdS-1。

方法二：

(1) 称取 0.01mol 的 $CdCl_2 \cdot 2.5H_2O$ 和 TAA，分别于玛瑙研钵中充分研磨，然后将 $CdCl_2 \cdot 2.5H_2O$ 和 1.0g NaOH 固体混合研磨，随后边研磨边加入 TAA，研磨 1h。

(2) 升温至 80℃，此温度下研磨 2h，随着研磨的进行，慢慢出现橙黄色。产物用去离子水洗至 pH=7，在 80℃烘干 3h，在 100℃烘干 1h，记为 CdS-2。

2. 样品的表征

(1) 采用 X 射线衍射仪测定产物的 XRD 图谱。

(2) 采用透射电子显微镜观察产物的形貌。

【结果与讨论】

(1) 对比不同的方法所制备的 CdS 纳米晶的 X 射线粉末衍射图。

(2) 对比不同的表面活性剂、形貌控制剂的情况下，产物的透射电镜显微图。

(3) 初步推测合成反应机理。

【预习思考题】

1. 分析不同制备方法影响产物形貌的原因。

2. 举 1～2 个低温固相法在材料合成中应用的例子。

【参考文献】

[1] 王文忠，谭琳．低温固相合成形貌和晶相可控的 CdS 纳米晶 [J]．中央民族大学学报（自然科学版），2008，17 (1)：5-9.

[2] 唐文华，蒋天智等．纳米硫化镉的低温固相合成 [J]．黔东南民族师范高等专科学校学报，2005，23 (6)：14-15.

实验 28 低温固相合成光电材料 CuS

【实验目的】

1. 掌握低温固相基本原理。

2. 了解纳米 CuS 的制备方法。

【背景介绍】

CuS 在自然界中以深蓝色的靛铜矿形式存在。它是一种中等导电性的导体。硫化氢气体通入铜盐溶液时可形成硫化铜的胶状沉淀。CuS 纳米材料是一种重要的光电材料，也是一种重要的半导体材料，在太阳能电池材料、光热转变的覆盖层、聚合物表面的导电层、光学过滤器及室温下的氨气传感器等领域中被广泛应用。铜蓝硫化物因为其在可反复充电的锂电池中的应用而受到特别的关注。铜蓝 CuS 作为重要的半导体，被广泛用作色料，催化剂，计量仪的指示器，太阳能辐射吸收器中。另外，CuS 还显示出金属传导性，并在 116K 时转变成超导材料。正因为 CuS 纳米材料的应用十分广泛，对 CuS 纳米结构的可控设计合成，成分和结构等性能的研究一直是研究的前沿课题。

目前国内外学者已建立和发展了多种合成 CuS 纳米粒子的方法。如：将 Na_2S 沉淀剂缓慢加入 $Cu(Ac)_2$ 溶液中而生成 CuS 纳米粒子的均相沉淀法，通过微波加热辐照硝酸铜和硫代乙酰胺溶液的微波辐射法，微乳液法，超声波化学合成法，水热法和溶热法。这些实验方法虽然都能合成出 CuS 纳米粒子，但是也还存在着一些不足之处。比如反应过程复杂，不易控制；反应物不容易得到；反应需要的时间长，温度高等。

【仪器与试剂】

试剂：$CuCl_2 \cdot 2H_2O$，$Na_2S \cdot 9H_2O$，聚乙二醇 400（PEG 400），聚氧乙烯-9-醚（NP-9），均为分析纯。

仪器：玻璃研钵。

【实验步骤】

1. 样品的制备

（1）将 $CuCl_2 \cdot 2H_2O$ 和 $Na_2S \cdot 9H_2O$ 分别研磨成细粉状，然后按化学计量比将两种细粉混合，加入一定量的表面活性剂（PEG400 或 NP-9）后研磨 20～30min。

（2）将所得产物用水和乙醇反复洗涤、过滤、室温干燥。

2. 样品的表征

（1）采用透射电子显微镜观察产物的形貌。

（2）采用 X 射线衍射仪进行物相分析。

【结果与讨论】

（1）使用不同的表面活性剂，对比产物的 X 射线衍射图和透射电镜图。

（2）讨论 CuS 纳米粒子的形成机理。

【预习思考题】

了解纳米 CuS 的制备方法。

【参考文献】

王文忠，何清，庄燕．表面活性剂辅助低温固相合成 CuS 纳米棒 [J]．化工新型材料，2007，35（11）：29-31.

实验 29　低温固相反应法制备磁性材料 $CoFe_2O_4$

【实验目的】

1. 掌握低温固相法基本原理。

2. 了解纳米 $CoFe_2O_4$ 的制备方法。

【背景介绍】

尖晶石型铁氧体的晶体结构和天然矿石——镁铝尖晶石的结构相似，属于立方晶系，其中氧离子作面心立方密堆积，它的化学分子式可写为 $MeFe_2O_4$，其中 Me 代表二价金属离子，如 Zn^{2+}、Mg^{2+}、Co^{2+}、Cu^{2+}、Ni^{2+}、Fe^{2+}等，而铁为三价铁离子 Fe^{3+}，也可以被 Al^{3+}、Cr^{3+}或 Fe^{2+}、Ti^{4+}所替代。总之，只要几个金属离子的化学价总数为 8，能与氧离子化学平衡即可。

钴铁氧体磁性微粉具有独特的物理、化学特性，催化特性与磁特性。如矫顽力和电阻率可达到比磁性合金高几十倍的水平，高频磁导率较高，在可见光区有较大的磁光偏转角，化学性能稳定且耐蚀、耐磨，因而可以将其粉体粒径与直流磁化参数调节到合适的范围用作磁记录介质，以保证在足够信噪比条件下不断提高记录密度。钴铁氧体磁性微粉还可以作为一种重要的微波吸收剂使用。

目前钴铁氧体磁性微粉合成方法主要有氧化物法、盐类分解法、化学共沉淀法、溶胶-凝胶法等。低热固相反应具有便于操作和控制、不使用溶剂、高选择性、高产率、污染少、节省能源、合成工艺简单等特点。采用低温固相反应法，在较低的温度下（90℃）制备出了单一尖晶石结构的钴铁氧体颗粒。

【仪器与试剂】

试剂：$FeCl_3 \cdot 6H_2O$，$CoCl_2 \cdot 6H_2O$，NaOH 和 $AgNO_3$，均为分析纯。

仪器：研钵。

【实验步骤】

1. 样品的制备

（1）按化学计量比称取一定量的 $FeCl_3 \cdot 6H_2O$，$CoCl_2 \cdot 6H_2O$ 和 NaOH（为保证反应充分进行 NaOH 过量 5%～10%）。

（2）将其分别在玛瑙研钵中研成粉末，然后混合均匀，将混合物研磨 20～30min 以上。

（3）研磨至得到较干的粉体，然后用去离子水反复清洗粉体，直至用 $AgNO_3$ 溶液检验不到清洗液中有氯离子存在。

（4）最后将清洗后的沉淀物放入干燥箱中，在 80～100℃下干燥，得到黑褐色的 $CoFe_2O_4$ 颗粒，将得到的前驱体在 200～1000℃进行热处理。

2. 样品的表征

（1）采用 X 射线衍射仪测定产物的 XRD 图谱。

（2）采用透射电子显微镜观察产物的形貌。

（3）用磁铁检查磁性。

【结果与讨论】

（1）对比不同热处理温度下样品的晶粒尺寸，解释晶粒尺寸随热处理温度变化的原因

（表 8-1）。

表 8-1　晶粒尺寸随热处理温度的变化情况

温度/℃					
晶粒尺寸/nm					

（2）写出制备过程的反应方程式。

【预习思考题】

了解钴铁氧体磁性材料的制备方法和用途。

【参考文献】

黄磊，王海波，王文忠等．低温固相反应法制备 $CoFe_2O_4$ 纳米颗粒［J］．甘肃科学学报，2009，21（3）：74-77.

实验 30 低温固相法合成光电材料 Zn_2SnO_4

【实验目的】

1. 掌握低温固相法基本原理。

2. 了解 Zn_2SnO_4 的制备方法。

【背景介绍】

一维半导体氧化物纳米材料，由于其独特的电学、光学和磁学等性能，在光电探测器件、纳米器件等领域有着巨大的应用潜力。目前大部分研究主要集中在如 ZnO、SnO_2 等二元氧化物纳米材料上，然而对于三元氧化物纳米材料研究较少。三元氧化物在电子和气体感应等领域具有更优异的性能，另外，三元氧化物还具有容易利用组分的变化达到有效调节其性能的优点。

Zn_2SnO_4 是具有尖晶石结构的复合化合物，具有光电化学效应，而且还具有一些单一氧化物所不具备的特殊性能，如用作无机阻燃剂、电池负极材料。Zn_2SnO_4 材料的制备大多数采用化学气相沉积法（CVD）、球磨法、共沉淀法、水热和高温煅烧结合法等。但是，这些制备方法不是需要高温条件和贵重设备，就是得到的产物颗粒不均匀，分散性差。本实验以 $Zn(NO_3)_2 \cdot 6H_2O$，$SnCl_4 \cdot 5H_2O$ 和 NaOH 为反应原料，用室温固相反应制备目标产物前驱体，并在较低温度煅烧得到 Zn_2SnO_4 纳米材料。

【仪器与试剂】

试剂：硝酸锌，氯化锡，氢氧化钠，硝酸银，均为分析纯。

仪器：研钵，马弗炉。

【实验步骤】

1. 样品的制备

（1）按化学计量比称取 $Zn(NO_3)_2 \cdot 6H_2O$，$SnCl_4 \cdot 5H_2O$，NaOH。将 3 种原料于玛瑙研钵中混合均匀，在室温下研磨 1～2h。在研磨过程中，混合物料先出现白色糊状，并释放出大量的热量。随着研磨的进行，反应物逐渐变成白色粉体。

（2）将生成物用去离子水洗涤干净（用 $AgNO_3$ 溶液检验 Cl^- 的存在），将洗净的白色沉淀置于烘箱中，于一定温度下干燥得到前驱体，研磨得细小的白色粉末。

（3）把前驱体放在马弗炉中 500～700℃煅烧 1～3h，即得目标产物 Zn_2SnO_4。

2. 样品的表征

（1）采用傅里叶变换红外光谱仪对比研究前驱体和最终产物的红外光谱。

（2）采用差热分析仪分析前驱体受热分解的过程。

【结果与讨论】

（1）讨论干燥温度和干燥时间对产物的影响。

（2）写出前驱体受热分解的方程式。

【预习思考题】

了解 Zn_2SnO_4 的制备方法和用途。

【参考文献】

董维广，贾林艳．低温固相反应合成锡酸锌 [J]．无机盐工业，2008，40 (7)：19-21.

第9章　热压烧结法实验

【背景介绍】

热压烧结通常是指物料在低于物相熔点的温度，在外力的作用下，排除气孔、缩小体积、提高强度和致密度、逐渐变成坚固整体的过程。烧结过程，即材料不断致密化的过程，是通过物质的不断传递和迁移来实现的。热压烧结致密化与原始粉体的组成、大小、形貌密切相关。

热压烧结是目前采用最多的一种方法，它是将混合后的原料，利用高温高压同时进行烧结成型的方法。与其他烧结方法相比，它有以下的优点：(1) 由于塑性流动而达到高密度，有可能得到近于理想密度的烧结体；(2) 由于在高温时加压，促进颗粒间的接触和加强扩散效果，随着烧结温度的升高，可缩短烧结时间；(3) 可控制晶粒生长，得到由微细晶粒构成的烧结体。

热压烧结的各个阶段，致密化的机制是多种机制在共同起作用。热压烧结的初始阶段，塑性流动和颗粒重排对致密化的贡献很大，这个阶段致密化速度在整个致密化过程中是最快的。随着烧结时间的增加，试样的变形空间受到了限制，外加的推力与材料进一步变形的阻力达到平衡，这时要进一步致密化就必须增大外加作用力或升高烧结温度。当材料进入烧结中后期时，如果烧结过程中没有液相出现，往往通过流动传质和扩散传质实现烧结。溶解-沉淀机制在液相参与的烧结中出现，传质机理与气相传质类似，对致密化有较大影响。

热压烧结的致密化过程大致有三个连续过渡的阶段：

(1) 微流动阶段　在热压初期，颗粒相对滑移、破碎和塑性变形，类似常压烧结的颗粒重排，颗粒带动气孔以正常速度移动，气孔保持在晶界上并迅速汇集。此阶段致密化速度最大。其速度取决于粉末粒度、形状和材料的屈服强度。

(2) 塑性流动阶段　在压力的作用下，晶粒塑性流动，晶粒表面的气孔迅速闭合，类似于常压烧结后期闭孔收缩阶段，该阶段致密化速度减慢。

(3) 扩散阶段　在该阶段晶粒快速生长，晶粒间发生体扩散，导致气孔消失，孔隙率下降，趋近终点密度。

【参考文献】

王丽．热压烧结制备硼化钛陶瓷的研究 [D]．东华大学硕士论文，2010.

实验 31 热压烧结法制备 Si /SiC 陶瓷

【实验目的】

1. 掌握热压烧结法基本原理。

2. 了解 SiC 陶瓷材料的制备方法。

【背景介绍】

SiC 陶瓷具有抗氧化性强，耐磨性能好，硬度高，热稳定性好，高温强度大，热膨胀系数小，热导率大以及抗热震和耐化学腐蚀等优良特性。

SiC 陶瓷的优异性能与其独特结构密切相关。SiC 是共价键很强的化合物，Si-C 键的离子性仅 12%左右。因此，强度高、弹性模量大，具有优良的耐磨损性能。纯 SiC 不会被 HCl、HNO_3、H_2SO_4 和 HF 等酸溶液以及 NaOH 等碱溶液侵蚀。在空气中加热时易发生氧化，但氧化时表面形成的 SiO_2 会抑制氧的进一步扩散，故氧化速度并不快。

SiC 具有 α 和 β 两种晶型。若不使用烧结剂，纯 α-SiC 只有在相当高的温度（>2500℃）和相当高的压力（50MPa）条件下烧结才能达到理论密度。20 世纪 70 年代初，Prochazka 首先以 B 和 C 为添加剂，无压烧结 SiC 陶瓷获得成功。但是 SiC-B-C 系统属于固相烧结范畴，需要很高的烧结温度（高于 2100℃），且断裂韧性低，有较强的裂纹强度敏感性。近年来，液相烧结 SiC 陶瓷的研究十分活跃，即以一定的单元或多元低共熔氧化物为烧结助剂，在较低温度下实现了 SiC 陶瓷的致密化。本实验采用 Si 作为助烧剂，初步研究 SiC 陶瓷的烧结性能，观察该陶瓷材料的微观结构，有利于优化烧结工艺。

【仪器与试剂】

试剂：Si 粉(粒度小于 60μm)，α-SiC 粉末(粒度小于 10μm)。

仪器：高温反应炉，行星式球磨机。

【实验步骤】

1. 样品的制备

（1）以乙醇为介质，将 Si 粉、α-SiC 粉末按一定质量比，采用湿法球磨混合均匀。

（2）混合均匀后的试样在 100～110℃下干燥 3h，装入石墨模具中。

（3）在氩气保护下，烧结温度为 1600～1900℃，压力 25MPa，反应一段时间后得到目标产物。

2. 样品的表征

（1）用多晶 X 射线粉末衍射仪进行物相分析。

（2）采用浮力法测定试样的密度。

（3）用金相显微镜观察试样的显微结构。

（4）在电子万能实验机上进行三点弯曲测试试样的力学性能。

【结果与讨论】

（1）对 Si/SiC 烧结体的 X 射线衍射图谱进行分析，烧结前后，材料是否发生相变？Si 粉与石墨模具中的 C 是否发生了反应？实验过程中热压炉内剩余气体（如氧气、水蒸气等）对实验的样品有何影响？

（2）烧结条件对烧结密度的影响见表 9-1。

表 9-1 烧结条件对烧结密度的影响

烧结温度/℃	保温时间/min	烧结密度/(g/cm^3)	理论密度/(g/cm^3)	相对密度/%

（3）测定样品的抗弯强度。

【预习思考题】

1. 分析烧结条件影响烧结密度的原因。
2. 举 1～2 个热压烧结技术在材料合成中应用的例子。

【参考文献】

[1] 黄汉铨，姚延厚，陈宏亮等．添加元素在热压碳化硅材料中的微观行为 [J]．粉末冶金技术，1991，9（2）：70-72.
[2] 曹建明，唐汉玲．热压烧结工艺制备 Si/SiC 陶瓷的研究 [J]．广东化工，2005，（3）：10-11.

实验 32　热压烧结法制备 $Ti_3Al/TiC+ZrO_2$ 陶瓷复合材料

【实验目的】

1. 掌握热压烧结法基本工艺过程。

2. 了解陶瓷复合材料的制备方法。

【背景介绍】

TiC 陶瓷具有很高的熔点（3250℃），优异的高温强度、热稳定性和化学稳定性，可用于刀具、模具材料等硬质合金材料领域，具有重要的实用价值。但 TiC 陶瓷的脆性大，韧性不足，在很大程度上限制了它的应用，所以目前人们正在不断研究新的 TiC 基复合材料，在 TiC 中加入金属间化合物或陶瓷颗粒、晶须或纤维进行强化和韧化。

Ti-Al 金属间化合物具有密度低，高温强度高，抗蠕变和抗氧化能力强等优点。利用金属间化合物的性能介于金属和陶瓷之间的特点，制备金属间化合物-陶瓷复合材料，可以消除金属增韧陶瓷材料的一些弊端，使金属间化合物和陶瓷材料各自的缺点通过彼此的优点所弥补。

二氧化锆具有熔点和沸点高、硬度大、常温下为绝缘体、而高温下则具有导电性等优良性质。二氧化锆有 3 种晶型，属于多晶相转化物。稳定的低温相为单斜相；高于 1000℃时，四方相逐渐形成；高于 2370℃时，转变为立方晶相。本实验采用机械球磨与真空热压烧结工艺制备 Ti_3Al 金属间化合物和 ZrO_2 协同增韧补强的 TiC 基复合陶瓷材料。

【仪器与试剂】

试剂：钛粉，铝粉，TiC 和 ZrO_2（均为分析纯）。

仪器：多功能 5000 型超硬材料烧结炉，行星式球磨机。

【实验步骤】

1. 样品的制备

（1）首先将钛粉和铝粉按化学计量比放入球磨机中，使 Ti 粉和 Al 粉产生固态相变，形成 Ti-Al 固溶体的球磨粉料。球磨转速为 300～500r/min，时间 8～10h。

（2）将 Ti-Al 粉体与 TiC 和 ZrO_2 粉末高能球磨混合 5～6h，设定配比为 TiC 70%（质量分数，下同），Ti-Al 20%，ZrO_2 10%；然后进行真空热压烧结。

（3）将得到的混合粉料倒入石墨模具中，在烧结炉中加压真空烧结，烧结温度分别采用 1400～1600℃，保温 30～40min，同时在 600℃时保温 30～40min，使钛铝固溶体转变为 Ti_3Al 金属间化合物，制得试样。

2. 样品的表征

（1）用多晶 X 射线粉末衍射仪进行物相分析。

（2）用扫描电镜对试样的性能和形貌进行测定。

【结果与讨论】

（1）对烧结前后，粉体的 XRD 谱进行对比分析。

（2）观察烧结体微观组织结构。

【预习思考题】

复合材料微观强化机理是什么？

【参考文献】

［1］ 任帅，孙康宁等．热压烧结制备 $Ti_3Al/TiC+ZrO_2$ 陶瓷复合材料［J］．材料工程，2007，(1)：34-36.

［2］ 张旭东，张玉军，刘曙光．无机非金属材料学［M］．济南：山东大学出版社，2000：19-20.

第10章　自蔓延高温合成法实验

【背景介绍】

自蔓延高温合成（SHS），也称燃烧合成（CS），它是一种利用化学反应自身放热使反应持续进行，最终合成所需材料或制品的新技术。在反应中，金属作为燃料，氧作为氧化剂，整个SHS过程靠金属和氧的反应发热维持下去。在引燃后，燃烧波贯穿整个原料混合物，使其转变为最终产物，冷却之后，在反应空间内留下合成的氧化物。反应物一经点燃，燃烧反应即可自维持，一般不再需要补充能量。与传统铁氧体工艺相比，SHS减少了传统工艺中的铁氧体化（焙烧）步骤，这就降低了能耗，缩短合成时间，提高了生产效率，并减小对环境的污染。以SHS制备铁氧体的产量高、产品纯度高、铁氧体元件的性能优良，具有广泛的应用前景，有望进行工业推广。并且可以制备常规方法难以得到的结构陶瓷、梯度材料、超硬磨料、电子材料、涂层材料金属间化合物及复合材料等。

SHS这项技术是由前苏联科学家Merzhanov等在研究火箭固体推进剂燃烧问题时，实验过渡金属和硼、碳、氮等的反应时首次发现并提出来的。此项技术一经问世，就引起各国科学家和各国政府的高度重视，认识到了这一简单工艺有着巨大的潜力和应用前景。俄罗斯前总统曾强调这一工艺技术的重要性，他指出："我们对采用SHS制取材料寄予厚望，这一技术是无与伦比的，这是一条科学与技术相结合的新的基本途径"。美国在20世纪80年代中期就将该技术研究列入DARPA计划。目前已有30多个国家和地区深入研究与之相关的理论和应用。我国虽然对SHS研究工作开展得比较晚，但目前已有多所院校和研究所在这方面取得了可喜成果，特别是应用领域已跻身于国际先进行列。从1991年开始每两年召开一届国际SHS学术会议，1992年国际自蔓延高温合成杂志《Inter. J. SHS》创刊，进一步推动了SHS在国际上的研究与发展。

经过30多年的研究开发，SHS得到了长足的发展，在基础理论研究方面建立了包括燃烧学动力学在内的宏观动力学理论体系，对于大多数SHS有普遍的指导意义。研究对象也从当初高放热的铝、硼、碳、硅化合物发展到了弱反应的氢化物、磷和硫化物等，用SHS可制备许多新型材料，如功能倾斜材料、蜂窝状陶瓷材料、单晶体超导材料、各向异性材料、金属间化合物及金属陶瓷等复合材料。特别是近几年来它与传统工业技术相结合，在材料制备领域已形成了具有独特优势的SHS与复合技术系统。该系统包括SHS制粉技术、SHS烧结技术、SHS致密化技术、SHS冶金技术、SHS焊接技术和SHS气相传质涂层技术等，并仍在不断深入发展之中。同时，世界范围内的自蔓延高温合成基础理论的研究正在向着科学化和多元化的方向发展，新的研究方向和新的理论体系不断出现。

【参考文献】

梁丽萍，刘玉存，王建华．自蔓延高温合成的发展前景［J］．应用化工，2006，35（9）：716-718.

实验 33 自蔓延高温合成锂离子电池正极材料 $LiCoO_2$

【实验目的】

1. 掌握自蔓延高温合成法基本原理。

2. 了解锂离子电池正极材料 $LiCoO_2$ 的制备方法。

【背景介绍】

在锂离子电池中，正极材料对电池整体性能有着重要影响。钴酸锂电池结构稳定、标称电压 3.7V，理论比容量为 275mAh/g，具有较好的循环性能，且容易制备，是商品化锂离子电池的主流正极材料。$LiCoO_2$ 的制备方法主要有高温固相反应法、共沉淀法、溶胶-凝胶法、水热法等。低温燃烧法主要是通过加热可溶性金属盐与燃料（如尿素、柠檬酸等）的水溶液，使之沸腾燃烧，反应由燃烧放出的热量维持，整个燃烧过程可在数分钟内完成，热处理后得到相应的材料。由于低温燃烧法具有快速节能的优点，因此低温燃烧法制备 $LiCoO_2$ 逐渐受到重视。低温燃烧法的主要缺点是产率低、不易实现工业生产。

本实验以尿素替代纯金属为燃料，以碳酸锂和四氧化三钴为原料，用自蔓延高温合成制备层状 $LiCoO_2$ 正极材料，探讨工艺条件对材料结构、微观形貌等的影响。

【仪器与试剂】

试剂：碳酸锂，四氧化三钴，丙酮，尿素，均为分析纯。

仪器：行星式球磨机，高温炉。

【实验步骤】

1. 样品的制备

（1）按化学计量比称取碳酸锂、四氧化三钴，以丙酮为介质，在行星式球磨机中球磨 5h，干燥后与尿素均匀混合。

（2）将混合物放入氧化铝坩埚中，分别在 600℃，700℃，800℃，900℃条件下进行燃烧反应。

（3）燃烧完成后，在同一温度下热处理 2～3h，然后随炉冷却到室温，得到目标产物 $LiCoO_2$。

2. 样品的表征

（1）采用 X 射线衍射仪分析材料的组成、结构及晶胞参数。

（2）采用扫描电子显微镜观察材料的表面形貌。

【结果与讨论】

1. 研究尿素用量对 $LiCoO_2$ 晶胞参数的影响。

2. 固定热处理时间，考察不同热处理温度 600℃、700℃、800℃和 900℃对样品的微观形貌的影响。

3. 将混合后的原料在 800℃下燃烧后并在该温度下进行热处理，热处理时间分别为 0.5h，1.0h，1.5h，2.0h，2.5h，3.0h，考察不同热处理时间对产物的影响。

【预习思考题】

1. 分析影响自蔓延高温合成的工艺参数都有哪些。

2. 举 1～2 个自蔓延高温合成在材料合成中应用的例子。

【参考文献】

文衍宣，肖卉等．自蔓延高温合成锂离子电池正极材料 $LiCoO_2$ [J]．无机材料学报，2008，23 (2)：286-290.

实验 34 自蔓延高温合成镧掺杂钡铁氧体材料

【实验目的】

1. 掌握自蔓延高温合成法基本原理。
2. 了解钡铁氧体材料的制备方法。

【背景介绍】

钡铁氧体因其有较大的矫顽力和磁能积、单轴磁晶各向异性、优良的旋磁等特点，被广泛用在永磁、吸波、高密度垂直磁记录和微波毫米波器件等各个领域中。由于烧结温度一般超过 1000℃，作为高频材料应用时，无法与现有的片式元器件制造技术——低温共烧陶瓷与铁氧体工艺相适应；同时，随着高新技术的飞速发展，对材料的功能特性提出了更高、更严格的要求，钡铁氧体的性能多样性有待深入的研究。

溶胶-凝胶法、有机树脂法、共沉淀法、微乳液法等虽然能得到性能较高的产品，但因其制造成本高、设备复杂等而不能实现大规模生产。自蔓延高温合成（SHS）方法的出现解决了以上制备过程中存在的问题。自蔓延高温合成的最大特点是反应物内部的化学能合成材料一经点燃，反应即可自我维持，一般不需再补充能量。整个工艺过程极为简单，而且能耗低、生产效率高、产品纯度高。

多年来，人们为了获得高性能的钡铁氧体粉末，一方面，根据超微粒子具有的独特的小尺寸效应，设法减小粉末的粒度；另一方面，致力于微量元素掺杂。通过掺杂或组合掺杂实现各种离子代换，是研究磁性材料的交换作用、磁晶各向异性等本征特性及改善材料性能和物理性能的重要方法之一。早在 20 世纪 70～80 年代就发现，添加稀土族的 La 离子可以提高永磁铁氧体的性能。本实验采用自蔓延高温合成的方法制备钡铁氧体，研究掺杂 La 含量对其性能的影响。

【仪器与试剂】

试剂：Fe 粉，BaO_2，Fe_2O_3，硝酸镧[$La(NO_3)_3 \cdot 6H_2O$]，$NaClO_4$，聚乙烯醇，均为分析纯。

仪器：行星球磨机，烘箱，真空干燥箱，马弗炉。

【实验步骤】

1. 样品的制备

(1) 按化学计量比配料，用丙酮作为介质球磨 1～2h，得到混合料。将混合料预压成型，先在 90～100℃下真空干燥 2～3h，将压制成块的混合料在空气中用点火药点燃，然后，依靠原料反应释放的热量引导反应完成。

(2) 将得到的半成品再次放入球磨机进行干法球磨，干法球磨 2h 后，加入适量的聚乙烯醇溶液进行造粒。

(3) 再次预压成型后，在 70～80℃下真空干燥 10h，在马弗炉中进行烧结，得到钡铁氧体样品。

2. 样品的表征

(1) 利用 SEM 观察样品的微观形貌及试样断口形貌。

(2) 利用 XRD 对制得的钡铁氧体的元素成分、形貌、组织结构进行分析。

【结果与讨论】

（1）对比不同 La^{3+} 掺杂量合成产物的 XRD 图谱，分析 La^{3+} 掺杂对晶格参数的影响。

（2）对比不同 La^{3+} 掺杂量对产物晶粒度的影响。

【预习思考题】

写出本反应的反应方程式。

【参考文献】

[1] 郭豪，刘玉存，刘登程，王建华．自蔓延高温合成镧掺杂钡铁氧体改性研究［J］．山西化工，2009，29（5）：1-4.

[2] 黄凯，刘先松等．La、Co 取代对 M 型锶铁氧体结构和磁性能的影响［J］．磁性材料及器件，2006，37（4）：17-20.

[3] 郭睿倩，李洪桂等．轻稀土镧取代 M 型钡铁氧体超微粉末的合成和表征［J］．稀有金属，2001，25（2）：86-89.

第 11 章　放电等离子体烧结法实验

【背景介绍】

近年来，由于微波烧结技术具有快速加热、细化晶粒等特性，该技术已引起研究者们的极大兴趣。然而，微波具有选择性加热的特性，如对吸收微波能较弱的材料（如 γ-Al_2O_3）进行烧结时，则需添加辅助性手段，从中也显示了微波烧结的不足之处。而采用等离子体进行烧结，则避免了上述的缺点，因此，等离子体烧结陶瓷材料的研究具有实际应用价值。

自 1968 年，R. A. Dugdale 提出等离子体可用于材料的烧结之后，C. E. G. Bennett 在 1968 年率先对微波等离子体烧结氧化铝、氧化铍、氧化铪、氧化镁、氧化钍等研究进行了报道，并把等离子体烧结与传统烧结方法进行了比较。实验结果表明，等离子体烧结法得到产物的密度更高，例如，在 1500℃下，对同样的氧化铝用等离子体和传统方法烧结 20min，传统方法烧结后氧化铝的相对理论密度为 70%左右，而等离子体烧结后的相对理论密度接近 90%。在较高的理论密度下，等离子体烧结的样品能保持较高的抗张强度，而传统烧结样品的抗张强度则明显下降。这与等离子体烧结后样品的颗粒尺寸较小（4～10μm），传统烧结后样品的颗粒尺寸较大（50～150μm）是相吻合的。实验结果充分显示了等离子体烧结陶瓷材料的优越性。

等离子体烧结具有加快烧结速度，烧结样品颗粒均匀，抑制样品颗粒长大的优越性，显示了其应用前景。而等离子体气体的种类、成分，压力与烧结样品的理论密度，各种机械特性之间的相互关系及今后如何工业化等问题有待进一步研究。

【参考文献】

彭金辉，普靖中等．等离子体烧结陶瓷材料［J］．昆明理工大学学报，1998，23（3）：60-62.

实验 35 放电等离子体烧结 SiC /Cu 金属陶瓷复合材料

【实验目的】

1. 掌握等离子体烧结法基本原理。

2. 了解 SiC/Cu 金属陶瓷复合材料的制备方法。

【背景介绍】

现代高科技的发展对材料性能的要求日益提高，单一材料已很难满足要求，材料的复合化是必然趋势之一。陶瓷具有高强度、高硬度、高弹性模量以及热化学性稳定等优异性能，但陶瓷所固有的脆性限制了其应用范围和可靠性。因此，改善陶瓷的室温韧性与断裂韧性，提高其在实际应用中的可靠性一直是现代陶瓷研究的热点。金属基复合材料兼有陶瓷的高强度、耐高温、抗氧化特性，又具有金属的塑性和抗冲击性能，应用范围更广。

金属基陶瓷复合材料按增强体的形式可分为非连续体增强（如颗粒增强、短纤维与晶须增强）、连续纤维增强（如石墨纤维、碳化硅纤维、氧化铝纤维等）。实际制备过程中除了要考虑基体金属与增强体陶瓷之间的物性参数匹配之外，液态金属与陶瓷间的浸润性能则往往限制了金属基陶瓷复合材料的品种。

Cu 是自然界导电、导热性能优良的金属材料，可以广泛应用于电接触元器件、旋转电刷、热交换器等领域。然而，其较低的软化温度使得 Cu 的高温强度差，限制了其在实际中的应用，因此必须对其进行强化从而在高温下得以广泛应用。SiC 陶瓷材料具有弹性模量高、抗氧化性能好以及高温强度大等优越性能，是用于强化 Cu 最理想的原料之一。与多数陶瓷材料相比，SiC 的导热性能好，并且一定结晶形态的 SiC 制品具有优越的半导性能，在室温及较高温度下都具有很好的导电性，在传统窑炉工业中通常被用作电阻加热元件。选用半导化的 SiC 颗粒对 Cu 进行增强，可以有效改善 Cu 的机械强度尤其是高温强度，提高复合材料的使用温度，同时又不至于显著降低其导热和导电性能。

放电等离子体烧结工艺是近年来发展起来的一种新型材料制备工艺方法，又被称为脉冲电流烧结。它已经被用于烧结金属、陶瓷及复合材料等研究。SPS 烧结的基本结构类似于热压烧结，大致由 4 个部分组成，真空烧结腔、加压系统、测温系统和控制反馈系统。

【仪器与试剂】

试剂：SiC 粉、Cu 粉。

仪器：SPS 烧结装置。

【实验步骤】

1. 样品的制备

(1) 首先称取适量的 SiC 和 Cu（体积比 1∶3）包裹复合粉体颗粒，放入石墨模具中，在 50～60MPa 的压力下沿轴向预压，然后置于 SPS 的真空烧结腔体内部，通过下压头的向上运动对样品施加固定的压力。

(2) 在不同压力条件下，烧结腔体内真空度达到 2Pa 以下时开始升温，利用 K 型热电偶进行温度测定。

（3）温度范围为 550～800℃，升温速度 60～70℃/min，最高温度下保温 5～8min。

（4）在降温开始时，立即将施加在样品上的压力卸除，烧成样品表面经磨平、抛光、清洗处理后进行相关性能表征。

2. 样品的表征

（1）烧成样品的密度采用 Archimedes 方法测量。

（2）样品中的物质及其相对含量采用 XRD 方法确定。

（3）样品的显微结构则采用场发射扫描电子显微镜观察。

（4）金属陶瓷复合材料的硬度通过金刚石显微硬度计测定。

【结果与讨论】

（1）对比不同烧结温度下样品的 X 射线衍射图谱，分析加热时的反应过程。

（2）综合各实验结果，得出 SPS 烧结过程中的最理想烧结温度。

【预习思考题】

1. 分析等离子烧结条件影响复合材料品质的原因。

2. 举 1～2 个等离子体烧结技术在材料合成中应用的例子。

【参考文献】

[1]　张锐，王海龙等．放电等离子体烧结 SiC/Cu 金属陶瓷复合材料研究［J］．郑州大学学报（工学版），2004，25（4）：41-44.

[2]　付鹏，郝旭暖，高亚红等．金属基陶瓷复合材料制备技术研究进展与应用［J］．材料导报网刊，2009，4（4）：8-10.

实验36 放电等离子体烧结 NdFeB 永磁材料

【实验目的】

1. 掌握等离子体烧结法基本工艺过程。

2. 了解永磁材料的种类和制备方法。

【背景介绍】

从广义上讲，所有能被磁场磁化、在实际应用中主要利用材料所具有的磁特性的一类材料都称为磁性材料。它包括硬磁材料、软磁材料、半硬磁材料、磁致伸缩材料、磁光材料、磁泡材料和磁制冷材料等，其中用量最大的是硬磁材料和软磁材料。

永磁材料又称“硬磁材料”，是具有宽磁滞回线、高矫顽力、高剩磁，一经磁化即能保持恒定磁性的材料。在实际应用过程中，永磁材料工作于深度磁饱和及充磁后磁滞回线的第二象限退磁部分。常用的永磁材料分为铝镍钴系永磁合金、铁铬钴系永磁合金、永磁铁氧体、稀土永磁材料和复合永磁材料。

烧结钕铁硼永磁体被称为第三代永磁材料，符合当代电子产品短、小、轻、薄方向发展的潮流。当 Nd 原子和 Fe 原子分别被不同的稀土原子和其他金属原子取代可发展成多种成分不同、性能不同的 Nd-Fe-B 系永磁材料。广泛应用于计算机、通信、自动化、航空航天、交通、医疗等领域。其矫顽力值很高，且拥有极高的磁性能，最大磁能积高过铁氧体 10 倍以上。其本身的力学性能亦相当好，可以切割加工不同的形状和钻孔，工作温度可达 200℃。其制备方法主要有烧结法、还原扩散法、熔体快淬法、黏结法、铸造法等，其中烧结法和黏结法在生产中应用最广泛，并且烧结法优于黏结法。

利用放电等离子烧结技术（SPS）制备 SPS NdFeB 永磁体，具有烧结速度快、均匀，可使用精确尺寸模具，能够有效控制材料致密过程中的晶粒长大和器件的精确成型，因而 SPS NdFeB 磁体兼具普通烧结体的高性能和黏结体的精确成型性等特点，是解决这种应用过程中诸多问题的一种新的技术选择。本实验采用 SPS 工艺制备相同成分的磁体，并结合工艺，探讨分析 NdFeB 磁体的力学性能与显微组织和断口形貌之间的关系。

【仪器与试剂】

试剂：Nd_{12}-$Pr_2Dy_2Fe_{bal}Al_1Nb_{0.13}Cu_{0.2}B_6$ 合金。

仪器：SPS 烧结系统，管式热处理炉。

【实验步骤】

1. 样品的制备

(1) 首先将 Nd_{12}-$Pr_2Dy_2Fe_{bal}Al_1Nb_{0.13}Cu_{0.2}B_6$ 合金熔炼成锭，制成厚度为 100～200μm 的厚带，然后磨制成平均粒度约为 4～5μm 的粉末。

(2) 经磁场取向和预压后放入石墨模具进行 SPS 烧结。SPS 条件为：真空气氛≤10^{-3}Pa，烧结温度 800～900℃，压力 30～50MPa，升温速度为 20～30℃/min，烧结保温时间 5～20min。

(3) 热处理设备为管式热处理炉。真空（≤10^{-3}Pa）热处理工艺：温度 1000～1100℃，时间 1～2h。

2. 样品的表征

(1) 采用扫描电子显微镜研究磁体的显微组织。

(2) 利用 B-H 回线仪检测磁体磁性能。

【结果与讨论】

(1) 通过扫描电镜观察其显微组织，分析样品的抗弯强度增强的原因。

(2) 利用扫描电镜观察样品的断口形貌，研究磁体的断裂行为。

【预习思考题】

了解传统 NdFeB 永磁材料的制备方法和工艺过程。

【参考文献】

[1] 王公平，岳明等．放电等离子体烧结 NdFeB 永磁材料力学性能的研究 [J]. 粉末冶金技术，2006，24 (4)：259-262，266.

[2] 叶金文，李军等．注射成形粘结稀土永磁体的进展 [J]. 金属功能材料，2003，10 (1)：37-39.

[3] 周寿增．稀土永磁材料及其应用 [M]. 北京：冶金工业出版社，1990：205-217.

第 12 章　光化学合成实验

本实验方法是利用光的照射为化学反应提供能量的一种方法。光合成化学是把光化学研究中得到的知识、成果加以利用，把光化学反应作为合成化合物的手段。目前用于光化学合成的光源主要是汞灯光源，因为这种光源使用极为方便，而且可提供从自紫外到可见（200～750nm）范围内的辐射光。其他光源还有激光光源、氙-汞灯以及涂磷光剂的灯等。

光化学反应实质是光致电子激发态的化学反应。在光的作用下（紫外光或可见光等），电子从基态跃迁到激发态，此激发态再进行各种各样的光物理和光化学过程，可以获得许多其他合成方法所无法得到的化合物。依据电子激发态中电子的自旋情况，激发态有单线态（自旋反平行）和三线态（自旋平行）。这两种状态具有不同的物理性质和化学性质。能量上三线态低于单线态。在实验中可以通过选择性地吸收一定波长的光，而发生不同反应，从而可能从同一反应物获得不同的产物。

12.1　光化学合成方法

（1）光源

一般波长范围 200～700nm，为紫外到可见（200～750nm）范围内的辐射光。主要是汞灯光源：200～750nm。

低压汞灯：0.6665～13.33Pa，253.7nm，184.9nm。

中压汞灯：0.1～1 大气压，265.4nm，310nm，365nm。

高压汞灯：20 大气压，几乎是连续谱线。

（2）实验方法

现今用于光化学研究的实验方法有两类：

一类是用来说明光化学过程中详细反应机理的仪器，一般由单色光、滤光片和热滤片、准光镜和标定光强度的光学系统组成，以测定入射光和所研究分子的吸收光量。选择一给定的光源，利用滤光器将其中不需要的波长的光滤去，只保留所需波长的光，以选择性地激发分子中的某一基团。

另一类是由光化学方法进行新化合物和已知化合物合成的仪器。这类仪器一般指能够提供由反应分子吸收的较宽波长范围的高强度光源。

12.2　光化学反应过程

正常情况下，化合物吸收光的特性符合 Beer-Lambert 定律，Beer-Lambert 定律有一定的适用范围和要求，满足稀溶液，浓度均匀，光照下溶液不发生化学反应等条件才可应用。对于过渡金属配合物，中心离子上的 d-d 或 f-f 跃迁对光的吸收在可见光区，配体自身或配体之间对光的吸收能量不定，吸光系数大，金属离子到配体或配体到金属离子的电荷转移对光的吸收在紫外光区。

对于固体化合物（粉末），由于粒子对光散射的存在，不能用 Beer-Lambert 定律。在用漫反射测定物质吸收光的特性时使用 Kubelka-Munk 方程。对于半导体材料存在吸收带，对光的吸收有一临界波长，该临界波长受颗粒大小的影响，“量子效应”使其吸收发生位移，一般是导致“蓝移”，而由于内应力的增加使部分吸收会发生“红移”。

Stark-Einstein 定律指出一个分子只有在吸收光能的一个量子以后，才能发生化学反应。但是在某些情况下，分子吸收一个光子后可以发生链锁反应而生成更多的分子，或者连续吸收两个光子才能产生一个分子，这时，为描述光化学中光子的利用率，人们引入了光化学反应产率——量子产率的概念，定义为：

$$量子产率=\frac{产生分子数或消失分子数}{吸收的光子数}$$

少数可达到50%以上。

12.3　光化学研究装置

① 浸没式光化学反应装置　反应溶液围绕着光源。

② 多灯式光化学反应装置　光源围绕反应溶液。

12.4　光化学合成类型

（1）光取代反应

光取代反应的绝大多数研究集中在对热不活泼的某些配合物上。这些配合物主要是 d^3、d^6 过渡金属配合物。低自旋的 d^3 和 d^6 构型的金属离子六配位配合物和构型的平面配合物以及 Mo(Ⅳ) 和 W(Ⅳ) 的八氰配合物，其取代反应类型和取代程度依赖于以下几个方面：①中心金属离子和配位场的性质；②电子激发产生的激发态类型；③反应条件（温度、压力，溶剂以及其他作用物等）。由于这些配合物对热不活泼，因而得不到某些内配位层被取代产物，但在光的作用下，通过配位场激发态则得到了这些取代产物。许多光取代反应可表示为激发态的简单一步反应：

$$([ML_x]^{n+})^* + S \longrightarrow [ML_{x-1}S]^{n+} + L$$

这里 L 表示配体，M 表示中心金属离子，S 表示另一种取代基，* 表示激发态。这样的反应对 d^3 和 d^6 的过渡金属配合物是较常见的。

光取代反应常见于：光水合反应、金属羰基配合物的取代反应、具有金属-金属键双核或多核金属羰基配合物的取代反应。

（2）光异构化反应

异构化反应指的是有机金属配合物的立体异构化、顺反异构化、配体异构化反应。这种反应研究的目的在于利用这种反应制备由其他方法难得到的立体异构体，或是在光的作用下，使反应比热反应快得多的速率进行，缩短反应时间。许多光异构化反应是可逆的，反应朝哪个方面进行依赖于反应条件。

（3）光敏金属-金属键的断裂反应

所涉及的配合物都是双核或多核的。光敏金属-金属键的断裂反应可以发生在同种金属间的键上，也可发生在异种金属间的键上。就反应发生后的结果来说，反应可分为两种类型：

① 光碎裂反应——发生在较弱的 σ 键上，单分子化合物在光的作用下形成稳定的次级产物（部分重排反应由碎裂反应引起），通常这种反应伴随着金属中心形式上的氧化或取代。

② 光取代反应——发生均裂或异裂后，进一步发生取代反应，保持了金属配合物的金属核心。

(4) 光致电子转移反应和氧化还原反应

无机过程金属离子配合物的光化学电子转移反应是十分活跃的领域，因为：

① 从太阳能到化学能的转变为人们解决将来的能源危机开辟了新的广阔前景。

② 合成具有不寻常氧化态，具有不寻常化学性质的配合物。

③ 电子转移反应理论研究的需要。

电子转移反应中涉及的电子激发态是多种多样的。根据电子跃迁中涉及的分子轨道，激发态可分成如下几种：

① 金属为中心的（MC）或配位场（LF）激发态。

② 配体内或配体为中心的（LC）的激发态。

③ 电子转移（CT）激发态。这种电子转移可以从金属到配体（MLCT）或从配体到金属（LMCT）。另外还有电子到溶剂的（CTTS）转移以及发生在多核配合物中的金属-金属间的转移。

(5) 光催化反应

光助催化：包括多相光催化、均相光催化。

多相光催化：反应过程在光电极上或固体粉末上进行，催化剂为半导体，首先是催化剂吸收能量等于或大于其禁带宽度的光子，把价带电子激发到导带，然后固-液或固-气界面产生的电位差使光生的高能量转移到光电极表面和对电极上，或者转移到固体颗粒表面的不同活性位置上，进行不同物种的氧化还原反应。

均相光催化：催化剂为可溶性金属配合物，反应在均相溶液中进行。首先是配合物分子吸收光子，使最高占据轨道（HOMO）的电子跃迁到最低空轨道（LOMO），形成包含一个高能量电子和一个高能量“空穴”的激发态，它们分别与溶液中的不同物种发生氧化还原反应。

上坡反应：$\Delta F \gg 0$——水光解制备 H_2 和 O_2。

下坡反应：$\Delta F \ll 0$——TiO_2 做催化剂的光催化降解反应。

在光解水的氧化还原反应中，主要的步骤是光致强氧化剂、还原剂的生成和在催化剂存在下，这些光致生成的强氧化剂、还原剂对水的催化氧化还原分解。为防止光致产生的强氧化剂和还原剂之间发生反应回到原始状态，控制和分离光致产生的氧化剂、还原剂就成为关键的步骤。为实现光致产物的分离或存留，有很多方法可以利用：

① 利用其他的（第三组分）氧化剂或还原剂去防止光致产生的强氧化剂和还原剂反应，达到光致产物的分离或存留。

② 利用一定结构的分子聚集体实现光致电荷分离。这种方法的思想是利用反应物和产物亲油性和亲水性的固有差别，通过导入带电界面，在微观尺度上把它分开。

③ 利用半导体悬散粒子体系和胶体作为光吸收体。利用半导体的好处在于光致的氧化还原反应常常是不可逆的。

光解水制备 H_2 和 O_2 的主要反应可描述为：

$$S+A \underset{}{\overset{h\nu}{\rightleftharpoons}} S^{+}+A^{-}$$（光致产生强氧化剂和还原剂）

$$4S^{+}+2H_2O \xrightarrow{\text{催化剂}} 4S+4H^{+}+O_2$$（氧化剂对水的氧化）

$$2A^{-}+2H_2O \xrightarrow{\text{催化剂}} 2A+2OH^{-}+H_2$$（还原剂对水的还原）

这里 S 可以是配合物离子、金属离子或半导体的光照产生的空穴；A 可以是配合物离子或半导体的光照产生的电子。

光催化反应中应注意的几个问题：

① 激光是否能满足催化剂产生氧化还原物种；

② 所产生的氧化还原物种是否能与反应物发生氧化还原反应。

（6）光敏化反应制取硅烷、硼烷等化合物

光敏化反应是在敏化剂存在下的光化学反应。敏化剂的作用在于，传递能量或自身参与光化学反应形成自由基，而后与反应物作用再还原成敏化剂。在无机光化学反应中，汞敏化的反应是比较多的。汞在光照下受激形成激发态汞，激发态汞和反应物分子碰撞把能量传给反应物分子而发生反应。通过汞敏化反应硅烷和硼烷等化合物可被制得。除汞作为敏化剂外，其他一些原子也可以作为某些光化学反应的敏化剂。

实验 37 柠檬酸钠辅助光化学合成半导体材料 $Cu_{2-x}Se$

【实验目的】

1. 掌握光化学合成法基本原理。

2. 了解纳米材料的制备方法。

【背景介绍】

半导体纳米材料由于具有不同于本体材料的非线性发光性质，在光开关、光存储、光快速转换和超高速处理等方面具有巨大的应用前景。硒化物半导体纳米材料显示出很强的量子限域效应，因此更有利于在半导体光学、电学、力学等方面获得新奇的特性；另外，纳米材料的形貌、尺寸的改变可能给材料带来一些新的性质，从而被广泛应用于发光二极管、非线性光学材料、光敏传感器材料、太阳能电池和光化学催化材料等领域。

硒化铜是一类非常重要的半导体材料，在太阳能电池、超离子导体、光电探测器、光电转换等方面得到很好的应用。硒化铜具有多种物相和结构形式，以化学计量比存在的形式有：CuSe、Cu_2Se、$CuSe_2$ 和 Cu_3Se_2 等；以非化学计量比存在的形式是 $Cu_{2-x}Se(0<x<1)$。一价的硒化铜常以立方形、四角形、正交晶型、单斜晶型的形式存在，在电气化学的极化下，正交晶型的硒化铜会转化成立方形。

纳米结构的合成是一个糅合了传统物理、化学方法与多种新兴手段的综合性领域。虽然合成步骤包括的范围很广，但总体来说主要控制方向可以归为以下两类：(1) 控制纳米簇的粒径、组成与形貌，包括制备气溶胶、粉体、半导体量子点和其他纳米结构；(2) 控制复合材料中各纳米组分的界面和分布。上述两方面是密不可分的。目前制备纳米金属硒化物的主要方法有：胶体化学法、水热/溶剂热合成法、气相沉积法、化学沉积和电沉积法、微波化学反应和光化学法等。

光化学法是一种简单实用，易于操作，成本低廉的纳米颗粒和纳米材料制备方法。在光化学法中，Cu^{2+} 从与柠檬酸钠形成的配合物离子中缓慢地释放出来，它与光辐照下形成的 Se^{2-} 反应就生成了 $Cu_{2-x}Se$ 纳米晶。与上述各方法相比，光化学合成方法实现了在较温和条件下制备 $Cu_{2-x}Se$ 纳米晶，并且该方法易于操作，环境较为友好。

【仪器与试剂】

试剂：硝酸铜、柠檬酸钠、亚硫酸钠、硒粉，均为分析纯。

仪器：250W 汞荧光灯，真空干燥箱。

【实验步骤】

1. 样品的制备

(1) 制备 0.2mol/L 硒代硫酸钠溶液，按化学计量比称取亚硫酸钠和硒粉，加热回流 4～6h 即可制得。

(2) 将一定量的 $Cu(NO_3)_2 \cdot 3H_2O$ 溶于去离子水中，加入等物质的量的柠檬酸钠以获得 1∶1 型的柠檬酸合铜络阴离子（$[Cu\text{-}Cit]^-$）水溶液。

(3) 加入 Na_2SeSO_3 溶液后通氮气 15min。然后将溶液置于 250W 的汞荧光灯 20cm 远处辐照 5～6h，并用冷却水保持反应体系处于室温状态。

(4) 将所得产物离心分离，多次洗涤，在真空干燥箱中室温干燥 20～30h。

2. 样品的表征

（1）采用 X 射线衍射仪检测所得产物的晶型。

（2）将产物溶于乙醇，用透射电子显微镜观察其形貌。

（3）用 UV-vis 光谱仪测定产物的吸收光谱，溶剂为乙醇。

【结果与讨论】

（1）分析 XRD 和 TEM 图谱。

（2）利用吸收光谱数据作出光子能量 E 与（αE）^{2} 的关系图（α 为吸收系数），求出材料的带隙。

【预习思考题】

1. 本实验中，纳米晶的形成机理是什么？

2. 柠檬酸钠的作用是什么？

【参考文献】

闫玉林，钱雪峰，印杰等．柠檬酸钠辅助光化学合成 $Cu_{2-x}Se$ 纳米晶 [J]．无机化学学报，2003，19（10）：1133-1136.

实验 38 磁性材料 Fe_3O_4@PMAA 的制备

【实验目的】

1. 掌握光化学合成 Fe_3O_4@PMAA 的基本原理。

2. 了解磁性材料的用途和常用的制备方法。

【背景介绍】

磁性高分子微球具有荧光可示踪性、磁响应性和表面功能性特点，在生物医学和生物工程领域拥有广泛的应用前景，如细胞分离和检测、磁共振成像、靶向药物等，因此得到广泛的研究。理想的荧光磁性高分子微球要求能产生较强的荧光、具有较高的饱和磁化强度、微球尺寸小、粒径分布窄、化学稳定性好、表面含有丰富的功能基团，且制备工艺简单、价格便宜。

通常磁性高分子微球是在磁流体分散液中引发烯类单体聚合包覆得到，主要有悬浮聚合、乳液聚合、分散聚合、辐照引发聚合等方法。

【仪器与试剂】

试剂：$FeCl_3 \cdot 6H_2O$，$FeCl_2 \cdot 4H_2O$，$NH_3 \cdot H_2O$，甲基丙烯酸酯（MAA）和 N,N'-亚甲基双丙烯酰胺（MBA），聚乙二醇（PEG-4000），均为分析纯，高纯 N_2。

仪器：光化学制备反应仪器，超声分散仪，微量进样器。

【实验步骤】

1. 样品的制备

（1）Fe_3O_4 磁性粒子的制备　Fe_3O_4 纳米粒子的制备采用改进的化学共沉淀法，具体过程如下：

① 分别称取 4.054g $FeCl_3 \cdot 6H_2O$ 和 1.988g $FeCl_2 \cdot 4H_2O$ 置于 50mL 烧杯中，各加入 25mL 高纯水溶解过滤后混合，配成 115mL 溶液。

② 加入三颈瓶中，在水浴 30℃、机械搅拌 1000r/min 条件下通入 N_2，5min 后用注射器逐滴加入 $NH_3 \cdot H_2O$ 和 PEG-4000 的混合液 15mL（10mL $NH_3 \cdot H_2O$ 和 5mL PEG-4000）。

③ 将水浴温度升至 60℃、搅拌速度为 1000r/min，并继续通 N_2。

④ 30min 后，将样液倒入 150mL 烧杯中，自然冷却。

⑤ 1h 后磁性分离，分别用 95%乙醇和高纯水洗涤 3 次，备用。

（2）光化学反应制备 Fe_3O_4@PMAA

① 在石英烧瓶中加入 50mL 高纯水，打开搅拌器，调节转速为 300r/ min，加入经超声分散的 Fe_3O_4 磁流体 0.6mL（固含量为 18mg/mL），通入 N_2。

② 10min 后加入 0.01g/mL 的 MBA 1.0mL，调节转速为 700r/min，30min 后加入 MAA 1.0mL，同时打开氙灯光照，调节转速为 900r/min。

③ 3.0h 后取出样品，60min 后置于磁铁上 15min，倾去上层液，高纯水洗涤，磁性分离备用，整个反应过程持续通 N_2 不得少于 1h（此时 MBA 与 MAA 的摩尔比为 1∶200，Fe_3O_4 与 MAA 的摩尔比为 1∶300）。

2. 样品的表征

（1）用红外光谱仪测定样品的红外光谱。

（2）用热重分析仪测定样品中各成分的质量分数。

（3）用扫描电子显微镜观测磁性微球的表面。

（4）用荧光分光光度计测定样品的激发光谱和发射光谱。

（5）用振动样品磁强计（VSM）在室温下测量微球的磁性能。

【结果与讨论】

（1）分析不同反应时间对微球粒径的影响。

（2）分析不同条件下制备的样品的荧光性和磁性。

【预习思考题】

写出制备 Fe_3O_4 磁性粒子的化学反应方程式。

【参考文献】

孟繁宗，王东来，翟玉春．稀土磁性微球 Fe_3O_4@PMAA 的制备和表征 [J]．分子科学通报，2008，24（5）：341-345.

第 13 章　微乳液法合成实验

微乳液通常由表面活性剂、助表面活性剂、溶剂和水（或水溶液）组成。在此体系中，两种互不相溶的连续介质被表面活性剂双亲分子分割成微小空间形成微型反应器，其大小可控制在纳米级范围，反应物在体系中反应生成固相粒子。由于微乳液能对纳米材料的粒径和稳定性进行精确控制，限制了纳米粒子的成核、生长、聚结、团聚等过程，从而形成的纳米粒子包裹有一层表面活性剂，并有一定的凝聚态结构。

微乳液法与传统的制备方法相比，具有明显的优势和先进性，是制备单分散纳米粒子的重要手段，近年来得到了很大的发展和完善。

一般情况下，我们将两种互不相溶液体在表面活性剂作用下形成的热力学稳定的、各向同性、外观透明或半透明、粒径 10～100nm 的分散体系称为微乳液。相应地把制备微乳液的技术称为微乳化技术（MET）。自从 20 世纪 80 年代以来，微乳的理论和应用研究获得了迅速的发展，尤其是 90 年代以来，微乳应用研究发展更快，在许多技术领域如：三次采油，污水治理，萃取分离，催化，食品，生物医药，化妆品，材料制备，化学反应介质，涂料等，均具有潜在的应用前景。我国的微乳技术研究始于 80 年代初期，在理论和应用研究方面也取得了相当的成果。

微乳液可看作三元溶液体系，分散相为 10～100nm 的小液滴。微乳液与普通乳状液的根本区别是自发形成、热力学稳定相，也称为“肿胀胶束”或“增溶胶束”。溶液分散相为水、分散介质为油时称为水/油微乳液（W/O），表面活性剂疏水的碳氢链一端指向胶束里面，亲水基团与外部水介质接触。分散相为油、分散介质为水时称为油/水微乳液（O/W），表面活性剂的亲水基团朝里面，疏水基团朝外面，所形成的胶束称为反胶束。此时，表面活性剂的极性基团为胶核，疏水的烃链在外侧与有机溶剂接触。反胶束是由表面活性剂分子的逐级缔合形成的，即单体→二聚体→三聚体→多聚体，因此其聚集数小，无明显的临界胶束浓度，胶束大小分布宽，形成反胶束常用的有机溶剂为 6～8 个碳原子的链烷烃或环烷烃，助表面活性剂通常是 6～8 个碳原子的脂肪醇。

与普通乳状液相比，尽管在分散类型方面微乳液和普通乳状液有相似之处，即有 O/W 型和 W/O 型，其中 W/O 型可以作为纳米粒子制备的反应器，但是微乳液是一种热力学稳定的体系，它的形成是自发的，不需要外界提供能量。正是由于微乳液的形成技术要求不高，并且液滴粒度可控，实验装置简单且操作容易，所以微乳反应器作为一种新的超细颗粒的制备方法得到更多的研究和应用。

微乳液中，微小的“水池”为表面活性剂和助表面活性剂所构成的单分子层包围成的微乳颗粒，其大小在几至几十个纳米间，这些微小的“水池”彼此分离，就是“微反应器”。它拥有很大的界面，有利于化学反应。这显然是制备纳米材料的又一有效技术。

与其他化学法相比，微乳法制备的粒子不易聚结，大小可控，分散性好。运用微乳法制备的纳米微粒主要有以下几类：①金属如 Pt，Pd，Rh，Ir，Au，Ag，Cu 等；②硫化物 CdS，PbS，CuS 等；③Ni，Co，Fe 等与 B 的化合物；④氯化物 AgCl，$AuCl_3$ 等；⑤碱土金属碳酸盐，如 $CaCO_3$，$BaCO_3$，$SrCO_3$；⑥氧化物 Eu_2O_3，Fe_2O_3，Bi_2O_3 及氢氧化物

$Al(OH)_3$等。

1982 年，Boutonmt 首先报道应用微乳液制备出了纳米颗粒：用水合肼或者氢气还原在 W/O 型微乳液水核中的贵金属盐，得到了单分散的 Pt，Pd，Ru，Ir 金属颗粒（约 3nm）。从此以后，不断有文献报道用微乳液合成各种纳米粒子。

两种互不相溶的溶剂在表面活性剂的作用下形成乳液，在微泡中经成核、聚结、团聚、热处理后得纳米粒子。其特点粒子的单分散和界面性好，Ⅱ-Ⅵ族半导体纳米粒子多用此法制备。

微乳体系中，用来制备纳米粒子的一般是 W/O 型体系，该体系一般由有机溶剂、水溶液、表面活性剂、助表面活性剂 4 个组分组成。常用的有机溶剂多为 C_6～C_8 直链烃或环烷烃；表面活性剂一般有 AOT[(2-乙基己基)磺基琥珀酸钠]、AOS、SDS(十二烷基硫酸钠)、SDBS(十六烷基磺酸钠) 阴离子表面活性剂、CTAB(十六烷基三甲基溴化铵) 阳离子表面活性剂、TritonX（聚氧乙烯醚类）非离子表面活性剂等；助表面活性剂一般为中等碳链 C_5～C_8 的脂肪酸。

W/O 型微乳液中的水核中可以看作微型反应器（microreactor）或称为纳米反应器，反应器的水核半径与体系中水和表面活性剂的浓度及种类有直接关系，若令 $W=[H_2O]/[表面活性剂]$，则由微乳法制备的纳米粒子的尺寸将会受到 W 的影响。利用微胶束反应器制备纳米粒子时，粒子形成一般有三种情况（可见图 13-1～图 13-3）。

① 将 2 个分别增溶有反应物 A、B 的微乳液混合，此时由于胶团颗粒间的碰撞，发生了水核内物质的相互交换或物质传递，引起核内的化学反应。由于水核半径是固定的，不同水核内的晶核或粒子之间的物质交换不能实现，所以水核内粒子尺寸得到了控制，例如由硝酸银和氯化银微反应制备氯化钠粒。

② 一种反应物在增溶的水核内，另一种以水溶液形式（例如水含肼和硼氢化钠水溶液）与前者混合。水相内反应物穿过微乳液界面膜进入水核内与另一反应物作用产生晶核并生长，产物粒子的最终粒径是由水核尺寸决定的。例如铁，镍，锌纳米粒子的制备就是采用此种体系。

③ 一种反应物在增溶的水核内，另一种为气体（如 O_2，NH_3，CO_2），将气体通入液相中，充分混合使两者发生反应而制备纳米颗粒，例如 Matson 等用超临界流体-反胶团方法在 AOT-丙烷-H_2O 体系中制备使用 $Al(OH)_3$ 胶体粒子时，采用快速注入干燥氨气方法得到球形均匀分散的超细 $Al(OH)_3$ 粒子，在实际应用当中，可根据反应特点选用相应的模式。

实验 39 微乳液法制备半导体材料 ZnS

【实验目的】

1. 了解微乳液法制备纳米晶的实验原理。

2. 掌握微乳液法制备 ZnS 半导体纳米晶的实验步骤。

3. 研究实验的影响因素，并学会对各影响因素进行分析。

【背景介绍】

在半导体材料的发展历史上，1990 年之前，以硅、锗为主元素的第一代半导体材料占统治地位。随着信息时代的来临，对信息的存储、传输及处理的要求越来越高，以砷化镓（GaAs）为代表的第二代化合物半导体材料显示出了巨大的优越性。而目前以宽禁带为主要特征的第三代半导体材料，如氮化镓(GaN)、碳化硅(SiC)、金刚石(C)、硫化锌(ZnS）等，由于其更加优越的物理、化学特性而受到了人们的广泛关注。其中，ZnS 对衬底没有特别的要求，容易成膜，价廉、无毒性，且具有优良的光电性能，已成为一个研究热点。

ZnS 是直接带隙宽禁带半导体材料，具有两种晶体结构，即立方相的闪锌矿结构和六方相的纤锌矿结构，研究表明掺杂 Mn^{2+} 后 ZnS 晶体具有很高的量子发光效率；掺杂 Fe^{2+} 的 ZnS 系统在室温下具有铁磁性，且吸收边有蓝移现象；掺杂 Cu 的 ZnS 系统出现了从纤锌矿到闪锌矿的相变等。在此基础上人们发现，对 ZnS 采用适当元素进行掺杂活化，可以在禁带中产生附加能级，提高其发光质量、发光效率和扩展发射光谱范围等，使材料的光电性能得到改善。

现阶段，ZnS 材料掺杂改性的途径主要有两种：（1）通过向 ZnS 晶体中引入不同掺杂元素，改变其晶体结构，这种方法可以增强 ZnS 材料的导电能力，提高电子跃迁的带隙能，从而达到改进其光电性能的目的；（2）通过引入含掺杂元素的薄膜等外部限制条件，来控制 ZnS 材料本身的不利因素，以达到增大其导电性能和光透过率的目的。

典型的掺杂方法包括：胶体化学法、化学气相沉淀或金属有机化学气相沉积、分子束外延等。胶体化学法因其工艺简单、成本低廉、合成效率高等特点，而成为最常见的掺杂Ⅱ-Ⅵ族半导体纳米晶的制备方法。胶体化学法包括微乳液法、沉淀法、溶胶-凝胶法、溶剂热法等。自从首次采用微乳液制备出 Pt、Pd、Rh 等分散性好的金属纳米微粒以来，该方法受到了极大的重视。

【仪器与试剂】

试剂：硫化钠，乙酸锌，氯化铁，司班($C_{24}H_{44}O_6$)，吐温($C_{64}H_{124}O_{26}$)，正己烷，均为分析纯。

仪器：电子天平，恒温磁力搅拌器，离心机，烧杯等仪器。

【实验步骤】

1. 样品的制备

(1) 按化学计量比称取原料，硫化钠∶乙酸锌＝1∶1（摩尔比），Zn∶Fe＝1∶100，将表面活性剂司班 10mL 和吐温 10mL 加入 100mL 正己烷，搅拌 0.5h，将得到的液体分成 3 份，分别加入配好的三种反应物水溶液中，搅拌至澄清，得到含有 Fe^{2+} 和 Zn^{2+} 、S^{2-} 的微乳液。

（2）将锌源和铁源微乳液混合搅拌，用滴定管将硫源微乳液以 0.6～0.8 滴/s 的速度滴入混合微乳液，滴定完成后继续搅拌 3～6h，反应得到溶有 ZnS：Fe 纳米晶的透明液体。

（3）加入沉淀剂将微乳液进行离心分离得到 ZnS：Fe 纳米晶粉体。

2. 样品的表征

（1）用 X 射线衍射仪分析样品的物相组成。

（2）用透射电镜观察样品的形状和粒度。

（3）采用傅里叶红外光谱仪测试样品的红外吸收谱。

（4）采用荧光光谱仪对样品的荧光性能进行测试。

【结果与讨论】

（1）分析样品的物相分析和形貌。

（2）研究样品的红外光谱特性。

（3）研究样品的荧光光谱特性。

【预习思考题】

掺杂改变材料的荧光性能的机理是什么？

【参考文献】

李丽华，谢瑞士，肖定全等．Fe 掺杂 ZnS 半导体纳米晶的微乳液法制备及其性能研究［J］．功能材料，2012，43（1）：59-61，65.

实验 40 反相微乳液法制备纳米碳酸钙

【实验目的】

1. 了解反相微乳液法制备纳米材料的实验原理。
2. 掌握反相微乳液法制备纳米碳酸钙的实验步骤。
3. 了解反相微乳液法制备纳米碳酸钙的影响因素，并会对各影响因素进行分析。
4. 学会用粒度仪检测表征所制备产物的粒径大小及分布。

【背景介绍】

纳米碳酸钙是一种重要的功能性填料，将其填充在橡胶、塑料中能使制品表面光艳、伸长度大、抗张力高、抗撕力强、耐弯曲、龟裂性良好，是优良的白色补强填料。在高级油墨、涂料中具有良好的光泽、透明、稳定、快干等特性。纳米级超细碳酸钙不仅降低成本，用于塑料、橡胶和纸张中，还具有补强作用。粒径小于 20nm 的碳酸钙产品，其补强作用与白炭黑相当。粒径小于 80nm 的碳酸钙产品，可用于汽车底盘防石击涂料。因此，纳米级超细碳酸钙的研制、开发、应用受到国内外关注。

【实验原理】

目前，纳米碳酸钙合成工艺主要有：(1) 含 Ca^{2+} 的溶液与含 CO_3^{2-} 的溶液混合反应制备纳米碳酸钙；(2) 微乳液法和凝胶法合成纳米碳酸钙；(3) 以 $Ca(OH)_2$ 水乳液作为钙源，通入 CO_2 炭化制得碳酸钙。

反相微乳液，即油包水（W/O）微乳液，是指以不溶于水的非极性物质相（油相）为分散介质，以极性物质（水相）为分散相的分散体系，其结构如图 13-1 所示。

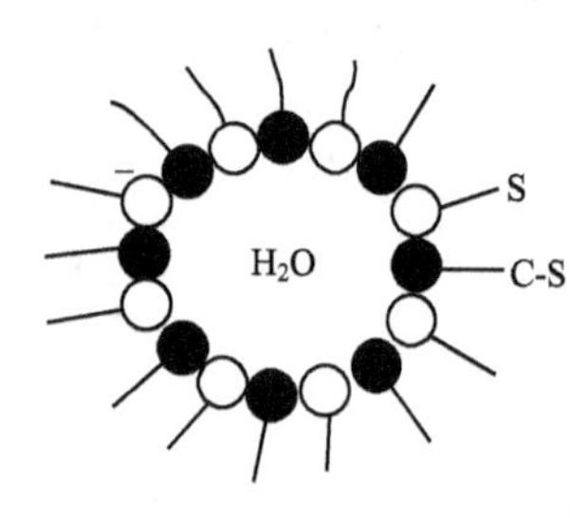

图 13-1 W/O 型微乳液的微观结构示意图
S—surfactant 表面活性剂；
C-S—cosurfactant 助表面活性剂

由于水相在反相微乳液中以极小的液滴形式分布在油相中，形成了彼此分离的微小区域。如果将颗粒的形成空间限定于反相微乳液液滴的内部，那么粒子的大小、形态、化学组成和结构等都将受到微乳体系的组成与结构的显著影响，就为实现超微团离子尺寸的人为控制提供了条件。

反向胶团反应器原理：在制备纳米粒子的 W/O 型反应体系中，一般由有机溶剂、水溶液、表面活性剂、助表面活性剂四个组分组成。

W/O 型微乳溶液中的水核中可以看作微型反应器（microreactor）或称为纳米反应器。利用微胶束反应器制备纳米粒子时，粒子形成一般有三种情况：

(1) 将两个分别增溶有反应物 A、B 的微乳液混合，此时由于胶团颗粒间的碰撞，发生了水核内物质的相互交换或是物质传递，引起核内的化学反应。由于水核半径是固定的，不同水核内的晶核或是粒子之间的物质交换不能实现，所以水核内粒子尺寸得到了控制。见图 13-2。

(2) 一种反应物在增溶的水核内，另一种以水溶液的形式与前者混合。水相内反应物穿过微乳液界面膜进入水核内与另一反应物作用产生晶核并生长，产物粒子的最终粒径是由水核尺寸决定的。见图 13-3。

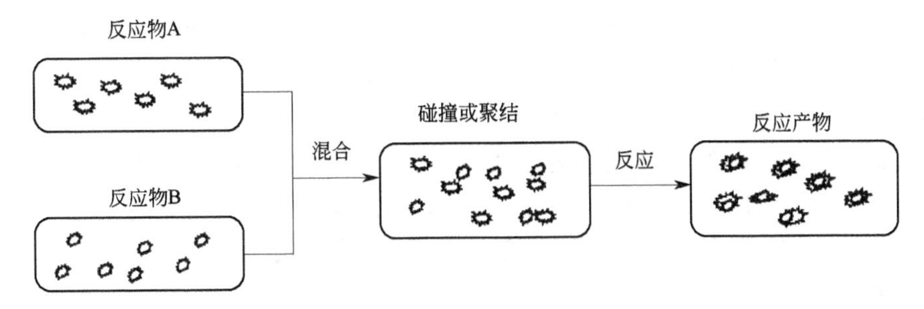

图 13-2　两个微乳体系混合反应

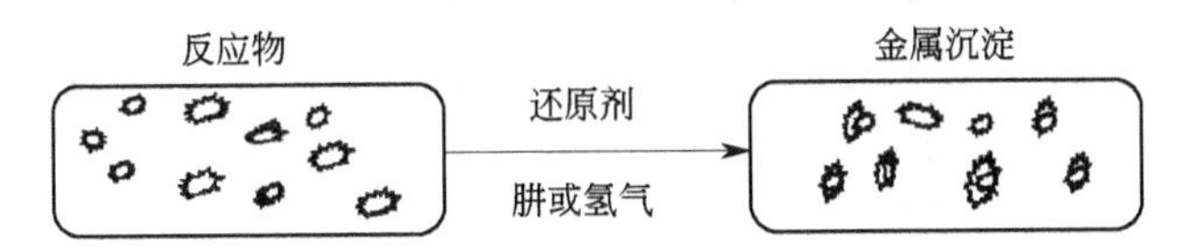

图 13-3　向微乳液中加入还原剂

(3) 一种反应物在增溶的水核内，另一种为气体，将气体通入液相中，充分混合使两者发生反应而制备纳米颗粒。见图 13-4。

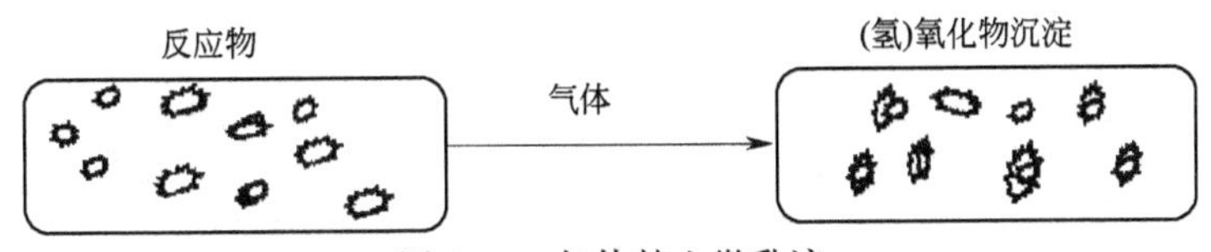

图 13-4　气体鼓入微乳液

【仪器与试剂】

试剂：环己烷、正己醇、无水乙醇、无水碳酸钠、无水氯化钙、十六烷基三甲基溴化铵 (CTAB)、十二烷基硫酸钠 (SDS)、聚乙二醇辛基苯基醚 (TritonX-100)。

仪器：磁力搅拌器、烧杯、天平、玻璃棒、离心机、烘箱、移液管。

【实验步骤】

氯化钙-碳酸钠反相微乳液法合成机理是通过有机介质及大量表面活性剂来使 Ca^{2+} 和 CO_3^{2-} 彼此分开，从而调节 Ca^{2+} 和 CO_3^{2-} 的传质，发生的反应为：

$$Ca^{2+}(aq)+CO_3^{2-}(aq) = CaCO_3(s)$$

溶液配制：

A 液：将表面活性剂 (3mL) 和助表面活性剂 (1mL 正己醇、25mL 环己烷) 加入溶剂中 (25mL 环己烷)，再将溶解好的一定浓度的氯化钙加入上述液体中，搅拌至均匀，得到透明液体 A。

B 液：将表面活性剂和助表面活性剂加入溶剂中，再将溶解好的一定浓度的碳酸钠加入上述液体中，搅拌至均匀，得到透明液体 B。制备过程见图 13-5。

图 13-5　制备流程图

将微乳液 A 和微乳液 B 等量混合，磁力搅拌反应一定时间，将反应浑浊液用离心机分离，然后用无水乙醇反复洗涤沉淀物。沉淀物在50℃下干燥，得到纳米碳酸钙。

将所制备的纳米碳酸钙用粒度仪检测其粒径大小及分布情况。

【思考题】

1. 表面活性剂种类对产物粒径大小及形貌有何影响？表面活性剂的作用是什么？
2. 反应物浓度大小对产物粒径大小有何影响？解释原因？
3. 不同的水/表面活性剂摩尔比对产物有何影响？原因是什么？

【参考文献】

[1] 李珍，李正浩．微乳液法合成多孔纳米碳酸钙实验研究［J］．中国粉体技术，2002，8（6）：34-36.

[2] 何方岳．微乳法制备纳米碳酸钙［J］．化工新型材料，2001，29（7）：35-36.

第14章　沉淀法合成实验

沉淀法通常是在溶液状态下将不同化学成分的物质混合，在混合液中加入适当的沉淀剂制备前驱体沉淀物，再将沉淀物进行干燥或煅烧，从而制得相应的粉体颗粒。根据沉淀方式的不同，可分为：直接沉淀法，共沉淀法，均匀沉淀法和水解沉淀法等。

（1）共沉淀法

在含有多种阳离子的溶液中加入沉淀剂，使金属离子完全沉淀的方法称为共沉淀法。沉淀剂的种类和用量的适当选择是确保共沉淀完全的关键。另外，溶液的浓度、pH值、温度等对共沉淀过程亦有相当的影响。共沉淀法工艺简便，制得的粉体性能良好，已广泛应用于多种陶瓷粉体的制备，可制备 $BaTiO_3$、$PbTiO_3$ 等 PZT 系电子陶瓷及 ZrO_2、α-Al_2O_3 等氧化物陶瓷粉体。以 CrO_2 为晶种的草酸沉淀法，制备了 La、Ca、Co、Cr 掺杂氧化物及掺杂 $BaTiO_3$ 等。以 $Ni(NO_3)_2 \cdot 6H_2O$ 溶液为原料、乙二胺为络合剂，NaOH 为沉淀剂，制得 $Ni(OH)_2$超微粉，经热处理后得到 NiO 超微粉。选用 $ZrOCl_2 \cdot 8H_2O$ 为原料，$NH_3 \cdot H_2O$ 为沉淀剂，控制适当的共沉淀条件并经一定的后处理即可获得颗粒尺寸为亚微米级，且有良好烧结性能的 ZrO_2 粉体。化学共沉淀法还成功地制备了不含硬团聚的超细粉体。

与传统的固相反应法相比，共沉淀法可避免引入对材料性能不利的有害杂质，生成的粉末具有较高的化学均匀性，粒度较细，颗粒尺寸分布较窄且具有一定形貌。

（2）均匀沉淀法

在溶液中加入某种能缓慢生成沉淀剂的物质，使溶液中的沉淀均匀出现，称为均匀沉淀法。本法克服了由外部向溶液中直接加入沉淀剂而造成沉淀剂的局部不均匀性。

本法多数在金属盐溶液中采用尿素热分解生成沉淀剂 NH_4OH，促使沉淀均匀生成。制备的粉体有 Al、Zr、Fe、Sn 的氢氧化物及 $Nd_2(CO_3)_3$ 等。

（3）多元醇沉淀法

许多无机化合物可溶于多元醇，由于多元醇具有较高的沸点，可大于100°C，因此可用高温强制水解反应制备纳米颗粒。例如 $Zn(Ac)_2 \cdot 2H_2O$ 溶于一缩二乙醇(DEG)，于100～220℃下强制水解可制得单分散球形 ZnO 纳米粒子。又如使酸化的 $FeCl_3$-乙二醇-水体系强制水解可制得均匀的 Fe(Ⅲ) 氧化物胶粒。

（4）沉淀转化法

本法依据化合物之间溶解度的不同，通过改变沉淀转化剂的浓度、转化温度以及表面活性剂来控制颗粒生长和防止颗粒团聚。例如以 $Cu(NO_3)_2 \cdot 3H_2O$、$Ni(NO_3)_2 \cdot 6H_2O$ 为原料，分别以 Na_2CO_3、$Na_2C_2O_4$ 为沉淀剂，加入一定量表面活性剂，加热搅拌，分别以 Na_2CO_3、NaOH 为沉淀转化剂，可制得 CuO、$Ni(OH)_2$、NiO 超细粉末。

该法工艺流程短，操作简便，但制备的化合物仅局限于少数金属氧化物和氢氧化物。

实验 41 沉淀法制备纳米氧化锌粉体

【实验目的】

1. 了解沉淀法制备纳米粉体的实验原理。

2. 掌握沉淀法纳米氧化锌的制备过程和化学反应原理。

3. 了解反应条件对实验产物形貌的影响，并会对实验产物进行表征分析。

【背景介绍】

氧化锌是一种重要的宽带隙（3.37eV）半导体氧化物，常温下激发键能为 60meV。近年来，低维（零维、一维、二维）纳米材料由于具有新颖的性质已经引起了人们广泛的兴趣。氧化锌纳米材料已经应用于纳米发电机、紫外激光器、传感器和燃料电池等方面。通常的制备方法有蒸发法、液相法。我们在这里主要讨论沉淀法。

沉淀法是指包含一种或多种离子的可溶性盐溶液，当加入沉淀剂（如 OH^-，CO_3^{2-} 等）后，或在一定温度下使溶液发生水解，形成不溶性的氢氧化物、氧化物或盐类从溶液中析出，并将溶剂和溶液中原有的阴离子洗去，得到所需的化合物粉料。

均匀沉淀法是利用化学反应使溶液中的构晶离子由溶液中缓慢均匀地释放出来。而加入的沉淀剂不是立即在溶液中发生沉淀反应，而是通过沉淀剂在加热的情况下缓慢水解，在溶液中均匀反应。

纳米颗粒在液相中的形成和析出分为两个过程：一个是核的形成过程，称为成核过程；另一个是核的长大过程，称为生长过程。这两个过程的控制对于产物的晶相、尺寸和形貌是非常重要的。

制备氧化锌常用的原料是可溶性的锌盐，如硝酸锌［$Zn(NO_3)_2$］、氯化锌［$ZnCl_2$］、乙酸锌［$Zn(Ac)_2$］。常用的沉淀剂有氢氧化钠（NaOH）、氨水（$NH_3 \cdot H_2O$）、尿素［$CO(NH_2)_2$］。一般情况下，锌盐在碱性条件下只能生成 $Zn(OH)_2$ 沉淀，不能得到氧化锌晶体，要得到氧化锌晶体通常需要进行高温煅烧。均匀沉淀法通常使用尿素作为沉淀剂，通过尿素分解反应在反应过程中产生 $NH_3 \cdot H_2O$ 与锌离子反应产生沉淀。反应如下：

$$CO(NH_2)_2 + 3H_2O \longrightarrow CO_2 + 2NH_3 \cdot H_2O \quad (1)$$

OH^- 的生成：

$$NH_3 \cdot H_2O \longrightarrow NH_4^+ + OH^- \quad (2)$$

CO_3^{2-} 的生成：

$$2NH_3 \cdot H_2O + CO_2 \longrightarrow 2NH_4^+ + CO_3^{2-} + H_2O \quad (3)$$

形成前驱物碱式碳酸锌的反应：

$$3Zn^{2+} + CO_3^{2-} + 4OH^- + H_2O \longrightarrow ZnCO_3 \cdot 2Zn(OH)_2 \cdot H_2O \downarrow \quad (4)$$

热处理后得产物 ZnO：

$$ZnCO_3 \cdot 2Zn(OH)_2 \cdot H_2O \longrightarrow 3ZnO + CO_2 \uparrow + 2H_2O \quad (5)$$

本实验通过 $Zn(NO_3)_2$ 和 NaOH 之间反应得到的 $Zn(OH)_4^{2-}$ 进行热分解反应制备氧化锌纳米晶体。用 NaOH 作为沉淀剂一步法直接制备纳米氧化锌的反应式如下：

$$Zn^{2+} + 2OH^- \longrightarrow Zn(OH)_2 \downarrow \quad (6)$$

$$Zn(OH)_2 + 2OH^- \longrightarrow Zn(OH)_4^{2-} \quad (7)$$

$$Zn(OH)_4^{2-} \longrightarrow ZnO\downarrow + H_2O + 2OH^- \quad (8)$$

该实验方法过程简单，不需要后煅烧处理就可得到氧化锌晶体，而且可以通过调控 Zn^{2+}/OH^- 的摩尔比控制氧化锌纳米材料的形貌。

【仪器与试剂】

试剂：硝酸锌[$Zn(NO_3)_2 \cdot 6H_2O$]，氢氧化钠(NaOH)，蒸馏水，乙醇(CH_3CH_2OH)。

仪器：恒温水浴，磁力搅拌器，离心机，温度计，烧杯，烧瓶，电子天平。

【实验步骤】

用氢氧化钠作为沉淀剂的实验步骤：

1. 在室温下，在烧杯中称取 1.5g $Zn(NO_3)_2 \cdot 6H_2O$(0.005mol)，然后加入 40mL 蒸馏水，搅拌 5min 配成无色澄清的溶液。

2. 在室温下，在烧杯中称取 0.8g NaOH(0.02mol)，然后加入 40mL 蒸馏水，搅拌 5min 配成无色澄清的溶液。

3. 在室温下，将 $Zn(NO_3)_2$ 溶液快速滴加到 NaOH 的溶液中，磁力搅拌得到白色的悬浊溶液。

4. 将悬浊溶液转移到 150mL 烧瓶中在 80℃的水浴中反应 2h。

5. 将白色沉淀物分别用水和酒精洗涤 3 次，进行离心分离后，放在烘箱中 60℃下干燥 10h 后得到粉体。

用尿素作为沉淀剂的实验步骤：

1. 在室温下，在烧杯中称取 3.0g $Zn(NO_3)_2 \cdot 6H_2O$(0.01mol)，然后加入 40mL 蒸馏水，搅拌 5min 配成无色澄清的溶液。

2. 用蒸馏水配制 40mL 尿素（1.8g）溶液，使尿素与硝酸锌的摩尔比为 3∶1，并将尿素溶液倒入烧瓶，与锌盐溶液混合均匀。

3. 将混合后的溶液在 90～100℃加热反应 3h。

4. 将反应所得沉淀过滤，洗涤（用蒸馏水洗涤）。

5. 将洗涤后的滤饼放入 80℃的烘箱内干燥，得前驱物碱式碳酸锌，呈白色粉末状。

6. 将前驱物放入马弗炉内 450℃煅烧 2h，即得纳米氧化锌粉体。

样品的表征：

利用 X 射线衍射仪（XRD）测定产物的晶体结构。

利用扫描电子显微镜（SEM）和透射电子显微镜（TEM）观察产物的形貌。

【思考题】

1. NaOH 与锌盐的浓度比及反应时间、反应温度对产物有何影响？

2. 为什么实验反应产物能够直接得到氧化锌晶体而不是氢氧化锌？

【参考文献】

[1] 李东英，安黛宗，刘珩．均匀沉淀法制备纳米氧化锌和片状氧化锌粉体 [J]．云南化工，2003，30 (3)：37-39.
[2] 李济琛，万家齐，陈克正．花形氧化锌纳米粒子的制备及其光催化性能 [J]．青岛科技大学学报（自然科学版），2012，33 (1)：13-16，24.
[3] 陈庆春，刘晓东，邓慧宇．不同 OH^- 源对水热法制 ZnO 形貌的影响 [J]．化工新型材料，2006，34 (1)：48-50.
[4] 曾宪华，史运泽，樊慧庆．均匀沉淀法制备纳米氧化锌研究 [J]．红外与激光工程，2006，35 (S5)：165-167.

实验 42 沉淀法合成光学材料 CaF_2 粉体

【实验目的】

1. 掌握直接沉淀法制备氟化钙的基本原理。

2. 了解氟化钙的用途。

【背景介绍】

近几十年来，半导体技术得到了迅速发展，最为显著的是芯片的集成化水平得到了很大的提高，如从原有每个芯片上包含几十个器件到现在每个芯片上包含上亿个器件。半导体元件特征尺寸的减小主要是通过光刻后能达到的特征线宽的缩小来实现。因此，需要光学产生更细的刻痕，由此引起了一场研究短波长光刻物镜系统的热潮。

深紫外投影光刻机的核心部件是深紫外光刻物镜系统，要求具有衍射极限的成像质量、具有高的分辨力、具有大的视场、具有极小的畸变，其性能直接决定了光刻机的图形传递能力。目前只有为数不多的几个跨国公司能生产 193nm（ArF）激光机用的大口径光刻物镜。

在深紫外光刻物镜系统中，只有氟化钙单晶材料和熔融石英满足要求。同时，由于单一材料的深紫外光刻物镜系统通常只能在很窄的波段范围内保证良好的成像质量，为了消除色差，光刻物镜至少有两种光学材料，因此在深紫外光刻机中必须使用氟化钙单晶材料。

氟化钙晶体无色透明，渗透性很高，渗透范围可以从紫外波长（125nm）到红外波长（12μm），折射率恒定；不易潮解，耐腐蚀；损伤阈值高；同时还有相差补偿功能。因此氟化钙单晶材料作为半导体光刻系统的透镜材料在深紫外光刻物镜系统中有广泛的应用。

目前合成纳米 CaF_2 粉体的方法主要有：化学气相沉积法、气相冷凝法、溶胶-凝胶法、微乳液法、水热法等。直接沉淀法制备纳米粉体方法简单、成本低、产量大，本实验采用直接沉淀法制备氟化钙纳米粉体，研究不同的反应介质对生成的颗粒形貌以及粒径分布的影响。

【仪器与试剂】

试剂：硝酸钙，氟化钾，无水乙醇，均为分析纯。

仪器：磁力搅拌器，超声清洗器，离心机，电热鼓风干燥箱。

【实验步骤】

1. 样品的制备

（1）按摩尔比 1∶2.2 的比例，将硝酸钙和氟化钾分别加入到去离子水和无水乙醇中，用磁力搅拌器搅拌均匀。

（2）两种溶液快速倒入烧杯中反应 3～4min，然后置于超声清洗器中超声分散 10～15min；最后离心分离，分别用去离子水和无水乙醇洗涤，再超声离心，重复 3 次。

（3）将沉淀放入干燥箱中，70～80℃条件下干燥 8～10h，研磨，得目标产物。

2. 样品的表征

（1）用多晶 X 射线粉末衍射仪测定粉体的相组成。

（2）用扫描电镜观察不同浓度时产物的形貌以及颗粒大小。

【结果与讨论】

（1）根据谢乐公式计算晶粒大小，并与扫描电镜结果进行对比。

（2）分析溶液的过饱和度影响晶体颗粒的机理。

【思考题】

1. 了解谢乐公式。
2. 了解溶液的过饱和度与晶体粒径关系的 Keivin 公式。

【参考文献】

李威威，梅炳初，宋京红等．反应介质对沉淀法合成 CaF_2 粉体结构的影响［J］．武汉理工大学学报，2001，33（28）：10-13.

第15章 化学还原法合成实验

该方法是运用化学试剂通过得失电子的方法进行化学反应的方法。还原法目前主要用于冶炼工业产生的含铜、铅、锌、铬、汞等重金属离子废水的处理，常用的还原法有金属还原法、硼氢化钠法、硫酸亚铁法和亚硫酸氢钠法等，主要用于含铬、汞等废水的处理。

（1）水溶液还原法　采用水合肼、葡萄糖、硼氢化钠（钾）等还原剂，在水溶液中制备超细金属粉末或非晶合金粉末，并利用 PVP（聚乙烯基吡咯烷酮）等高分子保护剂阻止颗粒团聚及减小晶粒尺寸。用水溶液还原法以 KBH_4 作为还原剂制得 Fe-Co-B、Fe-B、Ni-P。溶液还原法优点是获得的粒子分散性好，颗粒形状基本呈球形，过程也可控制。

（2）多元醇还原法　多元醇还原法已被发展于合成细的金属粒子 Cu、Ni、Co、Pd、Ag。该工艺主要利用金属盐可溶于或悬浮于乙二醇（EG）、一缩二乙二醇（DEG）等醇中，当加热到醇的沸点时，与多元醇发生还原反应，生成金属沉淀物，通过控制反应温度或引入外界成核剂，可得到纳米级粒子。

以 $HAuCl_4$ 为原料，PVP（聚乙烯基吡咯烷酮）为高分子保护剂，制得单分散球形 Au 粉。如将 $Co(CH_3COO)_2 \cdot 4H_2O$、$Cu(CH_3COO)_2 \cdot H_2O$ 溶于或悬浮于定量乙二醇中，于 180～190℃下回流 2h，可得 Co_xCu_{100-x}（$x=4\sim49$）高矫顽力磁性微粉，在高密度磁性记录上具有潜在的应用前景。

（3）气相还原法　本法也是制备微粉的常用方法。例如用 15%H_2-85%Ar 还原金属复合氧化物制备出粒径小于 35nm 的 CuRh，g-$Ni_{0.33}Fe_{0.66}$等。

（4）碳热还原法　碳热还原法的基本原理是以炭黑、SiO_2 为原料，在高温炉内氮气保护下，进行碳热还原反应获得微粉，通过控制其工艺条件可获得不同产物。目前研究较多的是 Si_3N_4、SiC 粉体及 SiC-Si_3N_4 复合粉体的制备。

实验 43 化学还原法制备金属银纳米颗粒

【实验目的】

1. 了解化学还原法制备银纳米颗粒的基本原理和方法。
2. 掌握制备银纳米颗粒的基本步骤。
3. 了解反应条件对产物的影响。

【背景介绍】

纳米材料由于具有量子尺寸效应、小尺寸效应、表面效应和宏观量子隧道效应等特殊的物理和化学性能而备受关注。银纳米颗粒因具有传热导电、表面活性和催化活性，在电学、光学、催化、磁性及超导等领域有着潜在应用价值。

银纳米颗粒的性质是由它的粒径大小以及形貌所决定的。因此，在合成过程中控制颗粒尺寸大小和形貌是制备性能优异的纳米金属粉体的关键所在。银纳米颗粒的制备有很多种方法，如化学还原法、光照法、微波合成法、电化学法等。化学还原法是常用的制备金属纳米簇的方法，具有设备简单、操作方便和尺寸可控等优点，已经成为一种重要并广泛应用的制备金属纳米颗粒的方法。通过该法在液相（有机介质或水溶液）中，用还原剂还原银盐可得到金属纳米簇。目前普遍使用的还原剂包括硼氢化钠、水合肼、次亚磷酸钠和醇等。在反应过程中，通常需要加入保护剂稳定所生成的银纳米粒子。通过控制反应时间、反应温度、反应物浓度以及保护剂的种类等可以得到不同的反应产物。常用的保护剂有聚丙烯酸、聚乙烯吡咯烷酮、明胶等。

【仪器与试剂】

试剂：硝酸银，聚乙烯吡咯烷酮，葡萄糖，氢氧化钠，均为分析纯。

仪器：电子分析天平，真空干燥箱，离心机。

【实验步骤】

1. 样品的制备

(1) 取 0.5g 聚乙烯吡咯烷酮和 1g 葡萄糖，加入 50mL 去离子水配制成混合溶液，然后加入一定量的氢氧化钠溶液调节 pH 值至 11。

(2) 称取 0.3g 硝酸银，加入 25mL 去离子水，搅拌使其溶解完全配制成溶液。

(3) 以恒定的速度缓慢将配好的硝酸银溶液滴加到葡萄糖混合溶液中，加热，搅拌 1h 后得到黑色悬浊液。

(4) 由离心机将悬浊液离心分离，所得固体分别用去离子水和无水乙醇多次洗涤，40℃下真空干燥 2h，得黑色粉末。

(5) 改变温度和反应物浓度重复以上实验步骤。

2. 样品的表征

(1) 采用 X 射线衍射仪检测产物的晶型。

(2) 将产物溶于乙醇，用透射电子显微镜观察其形貌。

(3) 乙醇为溶剂，用 UV-vis 光谱仪测定产物的吸收光谱。

【结果与讨论】

(1) 用 X 射线粉末衍射仪进行产物晶型和颗粒的分析。

（2）用透射电子显微镜（TEM）观察产物的形貌、大小及粒度分布。

（3）紫外分光光度计对颗粒进行紫外吸收光谱分析。

（4）讨论温度和反应物浓度对产物的形貌、大小及粒度分布的影响。

【预习思考题】

1. 写出用葡萄糖作为还原剂制备银纳米颗粒的优点及其反应的方程式？
2. 化学还原法制备金属纳米颗粒实验，温度和浓度对反应有何影响？
3. 加入保护剂的作用是什么？有哪些物质可以做保护剂？

【参考文献】

［1］ 晋传贵，姜山，陈刚．化学还原法制备银纳米颗粒［J］．安徽工业大学学报，2008，25（2）：120-122.

［2］ 高雯雯，兰新哲，宋永辉．化学法制备形状可控纳米银的研究进展［J］．贵金属，2009，30（2）：64-74.

［3］ 张燕，王强斌．银纳米粒子的生物医学应用研究进展［J］．生物物理学报，2010，26（8）：273-279.

实验 44　塑料化学镀铜

【实验目的】

1. 了解化学镀的原理和过程。

2. 掌握塑料化学镀的工艺流程。

【背景介绍】

在塑料表面进行金属化处理后可以获得一层金属外层，使材料兼具塑料与金属的优点。金属化的塑料克服了塑料的许多缺点，且具有良好的耐热性、耐腐蚀性、耐磨性和耐候性，具有金属光泽，美观且不易污染，质量轻、镀层硬度高、导热和导电性能好、便于焊接等优点。

金属表面处理技术有多种。目前，化学镀因工艺简单、节能、环保，日益受到人们的关注，已经成为一种常用的金属表面处理技术。化学镀也称为无电解镀，是在不加外电源的条件下，利用还原剂将溶液中的金属离子还原并沉积在非金属镀件表面的工艺方法。

聚丙烯化学镀铜工艺流程为：化学除油、水洗、化学粗化、水洗、敏化、水洗、银氨活化、水洗、化学镀铜。

【仪器与试剂】

试剂：去油液（50g/L NaOH、30g/L $Na_3PO_4 \cdot 12H_2O$、20g/L Na_2CO_3），化学粗化液（180g/L $K_2Cr_2O_7$、200g/L H_2SO_4），敏化液（15g/L $SnCl_2 \cdot 2H_2O$、40mL/L HCl），活化液（3g/L $AgNO_3$、1mL/L $NH_3 \cdot H_2O$），化学镀铜液（20g/L $CuSO_4$、30g/L NaH_2PO_2、15g/L $NaKC_4H_4O_6$、12g/L NaOH）。PP 塑料（30mm×20mm）试样。

仪器：烧杯，玻璃棒，镊子，电热套。

【实验步骤】

1. 塑料化学镀

（1）配制上述各种溶液 100mL。

（2）取 PP 塑料片，浸入 65℃去油液中浸泡 30min，除去塑料表面的油渍和污渍。

（3）取出镀件水洗后，放入 70℃的粗化液中粗化 30min。

（4）用水洗净镀件，放入常温的 25℃敏化液中敏化 3～5min。

（5）取出镀件后，用热水清洗，清净后放入活化液中在室温条件下活化 10min。

（6）活化后的镀件，用水清洗后放入镀液中化学镀，3～5min，取出冲洗干净，自然干燥保存。

（7）可先用塑料片做成各种造型（如玫瑰花），镀上不同的金属层，可得到“金色玫瑰”、“银色玫瑰”等。

2. 样品的表征

（1）计算镀层沉积速度。

（2）用透射电子显微镜观察镀层的形貌。

（3）进行结合力测试。

【结果与讨论】

通过镀层沉积速度、镀层的形貌和结合力测试进行镀层分析。

【预习思考题】

1. 有哪些方法可以在塑料表面上覆盖一层金属？
2. 塑料是否能直接进行电镀？为什么？
3. 实验中加入次磷酸钠和酒石酸钾钠的目的是什么？

【参考文献】

[1] 李丽波，安茂忠，武高辉．塑料化学镀 [J]．电镀与环保，2004，24 (3)：1-4.
[2] 王喜然，张英伟．PP塑料化学镀铜的工艺研究 [J]．表面技术，2010，39 (5)：77-79.
[3] 朱绒霞．次磷酸钠化学镀铜工艺的研究 [J]．应用化工，2011，40 (3)：457-461.

第 16 章　综合设计性实验

实验 45　染料敏化二氧化钛太阳能电池的制备

【实验目的】

1. 了解太阳能电池的特点及用途。
2. 通过查阅文献，了解太阳能电池的常用制备方法及优缺点。
3. 掌握实验方法，自行制备一个或多个二氧化钛太阳能电池。
4. 探索影响产物性质的因素。
5. 可探索不同实验方法得到产物的优缺点。

【背景知识】

染料敏化太阳能电池的研究历史可以追溯到 19 世纪早期的照相术。1887 年，Moser 将染料敏化效应用到卤化银电极上，从而将染料敏化的概念从照相术领域延伸到光电化学领域。20 世纪 60 年代，德国的 Tributsch 发现了染料吸附在半导体上并在一定条件下产生电流的机理，才使人们认识到，光照下电子从染料的基态跃迁到激发态后，继而注入半导体的导带的光电子转移，是造成上述现象的根本原因。这为光电化学电池的研究奠定了基础。

1. 染料敏化太阳能电池结构组成

染料敏化太阳能电池结构主要由纳米多孔半导体薄膜、染料敏化剂、氧化还原电解质、对电极和导电基底等几部分组成。纳米多孔半导体薄膜通常为金属氧化物（TiO_2、SnO_2、ZnO 等），聚集在有透明导电膜的玻璃板上作为 DSC 的负极。对电极作为还原催化剂，通常在带有透明导电膜的玻璃上镀上铂。敏化染料吸附在纳米多孔二氧化钛膜面上。正负极间填充的是含有氧化还原电对的电解质，最常用的是 I_3/I^-。

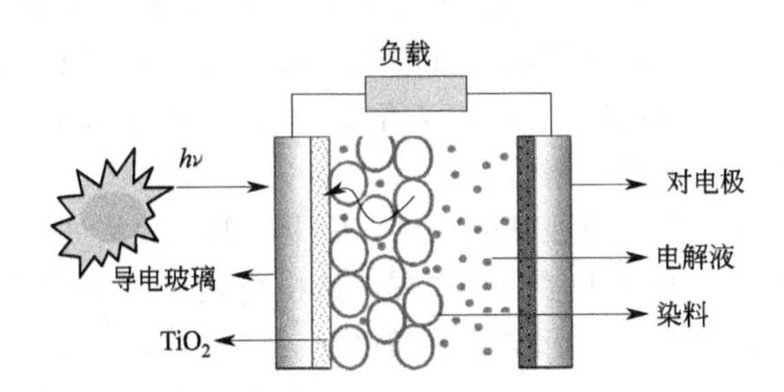

2. 染料敏化太阳能电池原理

(1) 染料分子受太阳光照射后由基态跃迁至激发态；

(2) 处于激发态的染料分子将电子注入到半导体的导带中；

(3) 电子扩散至导电基底，后流入外电路中；

(4) 处于氧化态的染料被还原态的电解质还原再生；

(5) 氧化态的电解质在对电极接受电子后被还原，从而完成一个循环。

3. 太阳能电池的优点

(1) 成本低　仅为硅太阳能电池的1/10～1/5；

(2) 寿命长　使用寿命可达15～20年；

(3) 大规模生产　结构简单、易于制造；

(4) 制成透明的产品，应用范围广；

(5) 在各种光照条件下使用；

(6) 光的利用效率高；

(7) 对光阴影不敏感；

(8) 可在很宽温度范围内正常工作。

【仪器与试剂】

试剂：FTO导电玻璃，丙酮，无水乙醇，吐温-100，乙酰丙酮，钛酸丁酯，冰醋酸，二氧化钛，叶绿素，异丙醇，乙二醇，乙腈，六水合氯铂酸，碘，碘化钾等，均为分析纯。

仪器：超声波清洗器，电热鼓风干燥箱，电子天平，数字万用表，数字式照度计，控温磁力搅拌器，箱式气氛炉，电炉温度控制器。

【实验步骤】

1. 导电玻璃清洗

首先用去离子水将导电玻璃表面的灰尘等颗粒冲洗干净，再分别用去离子水、丙酮、乙醇依次超声清洗15min，除去导电玻璃表面的各种有机和无机杂质，洗涤完成后，再用去离子水冲洗2～3次，晾干后保存备用。

2. TiO_2薄膜电极的制备

(1) 溶胶-凝胶法　量取10mL钛酸丁酯、25mL无水乙醇、3mL冰醋酸，利用磁力搅拌器搅拌0.5h，此溶液称为A；再量取20mL无水乙醇、1mL去离子水，搅拌使之混合均匀，此溶液称为B。随后边对A溶液进行磁力搅拌，边用滴管向A溶液中逐滴加入B溶液，滴加完毕后，再继续搅拌0.5h，得到微黄透明的溶胶液。将制备好的溶胶液静置一段时间后，将清洗好的导电玻璃用数字万用表测出导电面，并使其向上固定在实验台上，固定玻璃使用的是胶带，由于胶带有一定的厚度，可用来控制二氧化钛薄膜的厚度。将胶带贴于导电面的四围，三边盖住2mm，第四边（导电玻璃长的一边）盖住约4mm宽，中间留空，形成沟槽以便涂覆形成二氧化钛薄膜电极。

取适量溶胶液放于导电玻璃盖住宽的一侧，用干净的刀片从该侧顺势轻轻刮涂以获得均匀平整的二氧化钛薄膜，角度保持在45°左右，这样可使溶胶受力均匀。如果需要增加膜厚，可再重复以上步骤，直至达到所需要的膜厚度。薄膜自然晾干后再放入85℃的干燥箱中烘10min。最后放入气氛炉中，以3℃/min的升温速度加热到450℃，保温30min。为防止导电玻璃遇冷破碎，需要将样品随炉冷却至70℃以下方可出炉。

(2) 混合涂覆法　按照溶胶-凝胶法制备出钛溶胶液，并量取9mL钛溶胶液作为黏结剂，用电子天平称取1.5g TiO_2粉末，用注射器量取0.5mL乙酰丙酮，将三者放入研钵中研磨30min，随后加入0.2mL吐温-100，继续研磨30min，得到所需的浆料。用胶带将清洗好的FTO导电玻璃两边粘好，中间留空，以形成一个凹槽，将配好的粉末涂覆于其中，刮涂均匀，待自然晾干后撕去胶带，放入干燥箱中 90℃烘干，再进行热处理。热处理参数同溶胶-凝胶法。

3. 染料敏化电极

称取 0.025g 叶绿素，并溶于 50mL 乙醇中，搅拌数分钟使其溶解形成染料溶液。将烧结好的光阳极加热至 80℃后浸入 50℃的染料溶液中，浸泡 30min 后取出，用无水乙醇冲洗光阳极2～3 次，以去除光阳极表面未吸附的染料，然后烘干保存，待组装测试。

4. 电解液的配制

用电子天平称取 0.635g 碘、4.15g 碘化钾，用量筒量取 40mL 乙腈和 10mL 乙二醇，将称好的碘和碘化钾溶于乙腈和乙二醇的混合溶液中，搅拌均匀后，放入棕色试剂瓶中，避光保存。由于 KI 较难溶于混合液中，因此需将碘与少量 KI 溶于混合液中，使其完全溶解后再将剩余 KI 溶于混合液中。

5. 对电极的制备

本实验采用两种方法制备对电极：一是采用 6B 铅笔在导电玻璃的导电面直接刮涂的方法制备对电极；二是用 0.0258g 六水合氯铂酸和 5mL 异丙醇配制的 10mmol/L 的氯铂酸异丙醇溶液，滴加一滴溶液于导电玻璃的导电面上，提匀使其均匀铺开，空气干燥后 450℃热分解 30min，得到 Pt 对电极。

6. 电池的组装

将厚度为 50μm 的普通双面胶剪成宽度约 1mm 的窄条，粘贴在光阳极的 TiO_2 薄膜的两侧，光阳极与对电极按“三明治”结构组装，将电解液沿两电极的缝隙滴入，由于毛细作用，电解液会在两极间均匀扩散，直至充满整个电池空隙，随后在光照下进行伏安特性测试。

7. 测试

根据不同的实验条件测出相应的开路电压和短路电流。

【结果与讨论】

(1) 不同涂膜、烧结遍数对膜厚的影响分析。

(2) 不同涂膜、烧结遍数对二氧化钛结晶性能的影响分析。

(3) 不同涂膜、烧结遍数对薄膜形貌的影响分析。

(4) 不同条件下得到的太阳能电池电性能分析。

【思考题】

1. 参考文献，结合自己的实验数据，分析不同条件下得到的太阳能电池的各种性能；分析原因及影响因素。

2. 对自己制作的电池分析优缺点，提出自己的见解。

【参考文献】

[1] 谢燕飞，黄护林．TiO_2 薄膜制备工艺对染料敏化太阳能电池性能的影响［J］．材料导报，2012，26 (4)：17-21.

[2] 李艳，庄全超，王洪涛等．天然染料敏化太阳能电池的性能研究［J］．人工晶体学报，2012，41 (6)：1528-1533.

实验 46　光催化剂钒酸银的制备及其降解亚甲基蓝的研究

【实验目的】

1. 了解光催化剂的进展及在降解有机污染物方面的应用。

2. 掌握沉淀法合成钒酸银的方法。

3. 掌握分光光度计的使用和亚甲基蓝的测定方法。

【背景介绍】

近年来，染料纺织工业迅速发展，全世界染料的年产量超过 70 万吨，在生产和使用过程中约 20%流失进入工业废水中，已成为水系环境污染的重污染源之一。主要的处理方法有絮凝、吸附、光催化氧化、电化学和生物法等。以半导体金属氧化物为催化剂的光催化反应因具有活性高、降解彻底、可在常温下降解和使用范围广等特点，在降解环境污染物的研究中日益受到人们的关注。

Ag_3VO_4 的低能价带由 Ag 的 $4d^{10}$ 轨道和 O 的 $2p^6$ 轨道杂化组成，高能导带由 Ag 的 5s 轨道和 V 的 3d 轨道杂化组成，由于杂化的价带结构具有比单一 O 的 $2p^6$ 轨道更活跃的能级，因此禁带宽度更窄，对光的响应范围扩展至可见光区，是一种光催化分解有机化合物的优良催化剂。

目前 Ag_3VO_4 的制备方法主要有固相反应法和水热法，这些方法制备的样品分散性差、结晶度不好，导致 Ag_3VO_4 的光催化性能不高。本实验通过简单的沉淀-热处理方法来制备光催化剂 Ag_3VO_4，并进行光催化降解亚甲基蓝的研究，以期获得较好的降解效果。

【仪器与试剂】

试剂：氢氧化钠、五氧化二钒、硝酸银、亚甲基蓝、无水乙醇（以上均为分析纯试剂）、去离子水。

仪器：真空干燥箱，管式气氛炉，TG16-WS 型台式高速离心机，紫外可见分光光度计等。

【实验步骤】

1. 光催化剂的制备

具体过程如下：将 0.06mol 2.4g 氢氧化钠（NaOH）和 0.005mol 1.82g 五氧化二钒（V_2O_5）溶于 40mL 去离子水中，充分搅拌至完全溶解，将 0.03mol 的硝酸银（$AgNO_3$）溶于适量去离子水后，倒入上述混合溶液中，得到黄色的沉淀，静置 24h 后过滤，用去离子水洗涤数遍后用无水乙醇洗涤五遍，放入干燥箱中烘干 4h，取样研磨，即得钒酸银光催化剂。化学方程式为：

$$V_2O_5 + 6OH^- \longrightarrow 2VO_4^{3-} + 3H_2O$$

$$3Ag^+ + VO_4^{3-} \longrightarrow Ag_3VO_4$$

2. 催化剂对亚甲基蓝催化性能的试验

（1）测定原理　根据朗伯-比耳定律，亚甲基蓝的浓度与吸光度呈正比关系。

（2）亚甲基蓝标准溶液的配制（50mg/L）　取亚甲基蓝 0.25g 加去离子水至 50mL 配制成 500mg/L 的溶液，取 50mL 上述溶液于 500mL 的容量瓶中，加水稀释至刻度，配制成

50mg/L 的溶液，比色管加水至 25mL 测其吸光度。

(3) 吸收曲线的制作和测量波长的选择　配制 3.0mg/L 的亚甲基蓝溶液，用 1cm 比色皿，以试剂空白（即 0.0mL 标准溶液）为参比溶液，在 600～700nm，每隔 5nm 测一次吸光度，在最大吸收峰附近，每隔 1nm 测定一次吸光度。在计算机上，以波长 λ 为横坐标，吸光度 A 为纵坐标，绘制 A 和 λ 关系的吸收曲线。从吸收曲线上选择测定亚甲基蓝的适宜波长，一般选用最大吸收波长 λ_{max}。

(4) 亚甲基蓝吸光度与时间的关系　配制 3.0mg/L 的亚甲基蓝溶液，在最大吸收波长条件下，每隔 2min 测一次吸光度，考察吸光度随时间的变化规律。

(5) 标准曲线的制作（0～5.0mg/L）　分别用移液管吸取 50mg/L 亚甲基蓝溶液 0.0，2.0，4.0，6.0，8.0，10.0(mL) 于 100mL 容量瓶中，加水稀释至刻度，摇匀后放置 5～10min。用 1cm 比色皿，以试剂为空白，在所选择的波长下，测量各溶液的吸光度。以亚甲基蓝浓度为横坐标，吸光度 A 为纵坐标，绘制标准曲线。求出亚甲基蓝的浓度与吸光值之间的线性关系：$A = a + bx$，A 表示吸光度值，x 表示亚甲基蓝的浓度。见表 16-1。

表 16-1　吸光度与浓度关系

浓度/(mg/L)	1.0	2.0	3.0	4.0	5.0
吸光度 A					

(6) 光照时间对降解率的影响　分别称取 0.1g、0.2g、0.3g 钒酸银于 1、2、3 三个小烧杯中，均加入 100mL 10mg/L 的亚甲基蓝溶液，阳光照射后，每隔半小时，用照度计测一次光照强度，取样离心，取 5mL 于比色管中加水稀释至 10mL，测它们的吸光度。

表 16-2　吸光度数据

时间/h	0.5h	1h	1.5h	2h	2.5h	3h
吸光度 A						

(7) Ag_3VO_4 光催化剂用量对亚甲基蓝降解率的影响　利用可见光作用下不同样品对亚甲基蓝的降解率来评价其光催化活性。取一定质量的 Ag_3VO_4 与 100mL 亚甲基蓝溶液（10mg/L）混合，置于烧杯中。放在窗台上让阳光照射后，每隔半小时，用照度计测一次光照强度，经高速离心分离，取上层清液，用紫外可见分光光度计测定亚甲基蓝的吸光度。根据朗伯-比耳定律，浓度与吸光度呈正比关系，则亚甲基蓝的降解率可按下式计算：

$$\eta=(1-c_t/c_0)\times100\%=(1-A_t/A_0)\times100\%$$

式中，η 为亚甲基蓝的降解率；c_0 和 c_t 分别是降解前后亚甲基蓝溶液的浓度；A_0 和 A_t 分别是降解前后亚甲基蓝溶液的吸光度。数据表格见表 16-2。

(8) 亚甲基蓝浓度对降解率的影响　分别称取 0.1g 钒酸银于 1、2、3、4 四个小烧杯中，分别加入 50mL 5mg/L、10mg/L、15mg/L、20mg/L 的亚甲基蓝溶液，放在窗台上让阳光照射，每隔半小时，用照度计测一次光照强度，经高速离心分离，取上层清液，用紫外可见分光光度计测定亚甲基蓝的吸光度。

(9) Ag_3VO_4 可见光催化动力学分析　为了研究 Ag_3VO_4 催化剂光催化降解亚甲基蓝的动力学特性，运用一级反应动力学模型来拟合其降解特性，公式如下：

$$\ln\left(\frac{c_0}{c_t}\right)=a+kt$$

式中，k 为表观动力学速率常数；c_0 为亚甲基蓝的初始浓度；t 为反应时间；c_t 为在 t 时亚甲基蓝的浓度。按照上述公式，以 $\ln(c_0/c_t)$ 为纵坐标，时间 t 为横坐标作图，得到催化剂降解亚甲基蓝的动力学特性。

【参考文献】

[1] 胡文娜，刘伟．可见光催化剂 Ag_3VO_4 的制备、表征及其光催化性能的研究 [J]．安徽工程大学学报，2011，26(1)：20-23，44.

[2] 赵颖，王仁国，曾武等．纳米二氧化锰的制备及其对亚甲基蓝的吸附研究 [J]．水处理技术，2012，38 (1)：55-58，133.

实验 47　粉煤灰制泡沫玻璃和加气混凝土砌块

【实验目的】

1. 了解粉煤灰的特点及用途。

2. 通过查阅文献，重点了解粉煤灰在制泡沫玻璃和加气混凝土砌块方面的应用。

3. 掌握设计实验的实验方法，确定粉煤灰制泡沫玻璃和加气混凝土砌块的制备方法，自行设计实验，制备泡沫玻璃和加气混凝土砌块。

4. 测试产品的性质。

5. 初步建立与企业合作进行实验的技能训练与实践锻炼。

【背景知识】

粉煤灰，是从煤燃烧后的烟气中收捕下来的细灰，粉煤灰是燃煤电厂排出的主要固体废物。我国火电厂粉煤灰的主要氧化物组成为：SiO_2、Al_2O_3、FeO、Fe_2O_3、CaO、TiO_2 等。粉煤灰是我国当前排量较大的工业废渣之一，随着电力工业的发展，燃煤电厂的粉煤灰排放量逐年增加。大量的粉煤灰不加处理，就会产生扬尘，污染大气；若排入水系会造成河流淤塞，而其中的有毒化学物质还会对人体和生物造成危害。另外粉煤灰可作为混凝土的掺合料。

粉煤灰的燃烧过程：煤粉在炉膛中呈悬浮状态燃烧，燃煤中的绝大部分可燃物都能在炉内烧尽，而煤粉中的不燃物（主要为灰分）大量混杂在高温烟气中。这些不燃物因受到高温作用而部分熔融，同时由于其表面张力的作用，形成大量细小的球形颗粒。在锅炉尾部引风机的抽气作用下，含有大量灰分的烟气流向炉尾。随着烟气温度的降低，一部分熔融的细粒因受到一定程度的急冷呈玻璃体状态，从而具有较高的潜在活性。在引风机将烟气排入大气之前，上述这些细小的球形颗粒，经过除尘器，被分离、收集，即为粉煤灰。

我国是个产煤大国，以煤炭为电力生产基本燃料。近年来，我国的能源工业稳步发展，发电能力年增长率为 7.3%，电力工业的迅速发展，带来了粉煤灰排放量的急剧增加，燃煤热电厂每年所排放的粉煤灰总量逐年增加，1995 年粉煤灰排放量达 1.25 亿吨，2000 年约为 1.5 亿吨，到 2010 年达到 3 亿吨，给我国的国民经济建设及生态环境造成了巨大的压力。另一方面，我国又是一个人均占有资源储量有限的国家，粉煤灰的综合利用，变废为宝、变害为利，已成为我国经济建设中一项重要的技术经济政策，是解决我国电力生产环境污染，资源缺乏之间矛盾的重要手段，也是电力生产所面临解决的任务之一。经过开发，粉煤灰在建工、建材、水利等各部门得到广泛的应用。

粉煤灰外观类似水泥，由于燃烧条件不同颜色在乳白色到灰黑色之间变化。粉煤灰的颜色是一项重要的质量指标，它不仅可以反映含碳量的多少和差异，而且在一定程度上也可以反映粉煤灰的细度，颜色越深，粉煤灰粒度越细，含碳量越高。粉煤灰有低钙粉煤灰和高钙粉煤灰之分，通常高钙粉煤灰的颜色偏黄，低钙粉煤灰的颜色偏灰。

我国的粉煤灰大部分来自大、中型火电厂的煤粉发电锅炉，另一部分则是来自城市集中供热的粉煤锅炉。粉煤灰排放目前大多是湿排，需耗用大量的水；堆放需占用大量的土地。据有关资料统计分析和预测，按目前排灰状况和利用水平，排灰用水达 10 多亿吨/年；储灰占地约达 50 万亩，历年累积堆放总量已达 10 亿吨以上，虽每年利用量在不断增加，但总利用率还不足每年排放量的 50%。随着电力工业装机容量增加，排灰量、用水量、占地量还要相应增加。同时，湿法排灰不但费水、费电、污染环境，还降低了粉煤灰的活性，不利于它的综合利用。随着我国对除尘、干灰输送技术的不断成熟，今后电厂的粉煤灰应积极采用高效除尘器，并设计分电场干灰收集装置使粉煤灰具有更大的用途。对湿式除尘器收集的粉煤灰，应尽量设置脱水装置或使其晾干，尽量降低水分至 30%以下，为粉煤灰的综合利用创造条件。

粉煤灰露天堆放，刮风天灰尘污染空气，下雨天渗水污染地下水。根据国内外实验研究发现，粉煤灰渗水使地下水产生不同程度的污染，比较明显的是使 pH 值升高、有毒有害的铬、砷等元素增加。再加上粉煤灰储灰场大多位于江、河、湖及城市水源保护区域，水源保护问题也十分迫切。

1. 化学组成

我国火电厂粉煤灰的主要氧化物组成为：SiO_2、Al_2O_3、FeO、Fe_2O_3、CaO、TiO_2、MgO 、K_2O、Na_2O、SO_3、MnO_2 等，此外还有 P_2O_5 等。其中氧化硅、氧化钛来自黏土，页岩；氧化铁主要来自黄铁矿；氧化镁和氧化钙来自与其相应的碳酸盐和硫酸盐。

由于煤的灰量变化范围很广，而且这一变化不仅发生在来自世界各地或同一地区不同煤层的煤中，甚至也发生在同一煤矿不同部分的煤中。因此，构成粉煤灰的具体化学成分含量，也就因煤的产地、煤的燃烧方式和程度等不同而有所不同。其主要化学组成见表 16-3。

表 16-3 我国电厂粉煤灰化学组成 单位：%

成分	SiO_2	Al_2O_3	Fe_2O_3	CaO	MgO	SO_3	Na_2O	K_2O	烧失量
范围	34.30～65.76	14.59～40.12	1.50～6.22	0.44～16.80	0.20～3.72	0.00～6.00	0.10～4.23	0.02～2.14	0.63～29.97
均值	50.8	28.1	6.2	3.7	1.2	0.8	1.2	0.6	7.9

粉煤灰的活性主要来自活性 SiO_2（玻璃体 SiO_2）和活性 Al_2O_3（玻璃体 Al_2O_3）在一定碱性条件下的水化作用。因此，粉煤灰中活性 SiO_2、活性 Al_2O_3 和 f-CaO（游离氧化钙）都是活性的有利成分，硫在粉煤灰中一部分以可溶性石膏（$CaSO_4$）的形式存在，它对粉煤灰早期强度的发挥有一定作用，因此粉煤灰中的硫对粉煤灰活性也是有利成分。粉煤灰中的钙含量在 3%左右，它对胶凝体的形成是有利的。国外把 CaO 含量超过 10%的粉煤灰称为 C 类灰，而低于 10%的粉煤灰称为 F 类灰。C 类灰其本身具有一定的水硬性，可作为水泥混合材，F 类灰常作为混凝土掺合料，它比 C 类灰使用时的水化热要低。

粉煤灰中少量的 MgO、Na_2O、K_2O 等生成较多玻璃体，在水化反应中会促进碱硅反应。但 MgO 含量过高时，对稳定性带来不利影响。

粉煤灰中的未燃炭粒疏松多孔，是一种惰性物质，不仅对粉煤灰的活性有害，而且对粉煤灰的压实也不利。过量的 Fe_2O_3 对粉煤灰的活性也不利。

由于煤粉各颗粒间的化学成分并不完全一致，因此燃烧过程中形成的粉煤灰在排出的冷却过程中，形成了不同的物相。另外，粉煤灰中晶体矿物的含量与粉煤灰冷却速度有关。一般来说，冷却速度较快时，玻璃体含量较多；反之，玻璃体容易析晶。可见，从物相上讲，粉煤灰是晶体矿物和非晶体矿物的混合物。其矿物组成的波动范围较大。一般晶体矿物为石英、莫来石、氧化铁、氧化镁、生石灰及无水石膏等，非晶体矿物为玻璃体、无定形碳和次生褐铁矿，其中玻璃体含量占 50%以上。

2. 我国粉煤灰综合利用技术简述

我国粉煤灰最早用于生产建筑材料，利用率一直保持在 25%左右。粉煤灰烧结砖、生产水泥熟料及用作混合材、生产陶粒、砌块、加气混凝土、墙体材料等，都是国家推广的成熟技术。1998 年我国墙体材料总量折合标准砖 8600 亿块，其中烧结黏土实心砖高达 7000 多亿块。

(1) 粉煤灰生产烧结砖　粉煤灰的用量从 30%到 70%，主要工艺和设备与普通黏土砖基本相同。用粉煤灰生产烧结砖的吉林某厂利用吉林热电厂的湿排煤粉经自然脱水至含水率在 30%左右，按粉煤灰 55%、黏土 40%和 5%的炉渣等工业废渣进行配比。该厂年用粉煤灰 40 万立方米，产粉煤灰烧结砖 2.4 亿块，年节省黏土 430km^3，节约标煤 9600t/a，具有较好的社会效益和经济效益。

(2) 粉煤灰生产蒸汽养护砖（简称蒸养砖）　粉煤灰蒸养砖的配料除粉煤灰可占 65%左右外，还需配入适量的骨料生石灰和石膏，经坯料制备、压制成型，经常压或高压蒸汽养护后烧制成砖。它对粉煤灰的要求是灰的含碳量越低越好，灰的活性越高越好。

(3) 粉煤灰制取免烧免蒸砖　为了使粉煤灰变害为宝，经过研制、开发出了免烧免蒸、低温养护的新型粉煤灰砖。其主要配料是：粉煤灰占 70%，炉底渣占 15%、生石灰 15%（作为激发剂），产品可达到 75 号粉煤灰砖标号，生产中总掺灰量达 85%，以年产 1000 万块砖计，可用去灰量 2 万吨，年创效益 50 万元，节省排灰浆费用 30 万元。节约灰场建设费 40 万～50 万元，少占耕地 130m^2，具有较好的环境效益和经济效益。

(4) 粉煤灰生产硅酸盐砌块　粉煤灰硅酸盐砌块以粉煤灰、石灰、石膏和胶结料为原料，在配料中除炉渣为主占 55%左右外，粉煤灰用量也可达 30%。经加水搅拌，振动成型，蒸汽养护而成。此工艺对粉煤灰质量的要求是其烧失量低于 15%。适用于工业及民用建筑，且比黏土砖的保温性能好，自重轻，能满足一般建筑物承重墙的耐火极限要求。

(5) 粉煤灰制泡沫玻璃　泡沫玻璃是一种新型建筑材料，它可由粉煤灰（可占 70%）为主要原料烧制而成，其密度在 0.5～0.8t/m^3。具有抗压、隔热、隔声、防水、能浮出水面等性能，是现代高层建筑的优质材料。泡沫玻璃作为大型雕塑材料，可制成大块，可任意切割装配。

用泡沫玻璃制成的墙体砖，密度仅为普通黏土砖的 5%～10%，而强度却高出 8～15 倍，所以，它具有质轻、强度大、节能等优点。用它作为保温、隔热、隔声材料具有物美价廉的优点，有较高的经济效益和社会效益。

(6) 粉煤灰制造加气混凝土　粉煤灰生产加气混凝土是以粉煤灰为基本原料，配以适量的水泥、石膏及铝粉等添加剂以制成一种轻质的混凝土，其粉煤灰用量可占 70%左右。上海市 1998 年仅混凝土一项利用粉煤灰近 54 万吨，占总用灰量的 15.6%。北京某厂利用高井电厂的干排粉煤灰为原料，年可生产加气混凝土制品 200km^3。主要用于屋面保温、内外墙体和阳台隔断。具有较好的社会和经济效益。

(7) 粉煤灰生产陶粒　利用粉煤灰为主要原料，加入一定量的胶结料和水，经成球、烧结而成的轻骨料为烧结粉煤灰陶粒。它是一种性能良好的人造轻骨料，其煤粉用量可达 80%左右。可以配制 300 号混凝土。天津市某厂利用天津一电厂的湿排煤粉为原料，年生产粉煤灰陶粒达 9 万立方米。由于其有密度小、耐热度高、抗掺性好、耐冲击力强等优点，可替代天然渣石配制 150～300 号的混凝土，广泛地用于工业与民用建筑、制作各种混凝土构件，还可用于桥梁、窑炉和烟囱的砌筑。如南京长江大桥公路桥道板，使用粉煤灰陶粒配制

250～300 号的陶粒混凝土就降低了大桥的自重。

(8) 粉煤灰在砂浆中代替部分水泥、石灰或砂　砂浆在建筑工程中的用量很大，且对粉煤灰的质量要求不高，可改善混凝土的特性并节约水泥。此项技术可大量利用粉煤灰，每立方米混凝土可用粉煤灰 50～100kg，节约水泥 50～100kg。三峡工程中大量使用了优质粉煤灰，年用量已近 30 万吨，并创造了世界年浇注量和最大浇注强度的世界纪录。这项技术的用灰比例在 10%以上。

(9) 粉煤灰代替黏土作为生产水泥原料　由于粉煤灰的化学成分和黏土相似，可代替黏土生产水泥。其生产工艺和技术装备与生产普通硅酸盐水泥一样。沈阳市水泥厂利用沈阳热电厂的湿排粉煤灰作为配料年生产火山灰硅酸盐水泥 12 万吨。

(10) 粉煤灰作为生产水泥的混合材　在用质量合格的粉煤灰做混合材磨制水泥时，可分别生产普遍硅酸盐水泥、矿渣硅酸盐水泥（掺入量不高于 15%）、粉煤灰水泥（掺入量为 20%～40%不等)，低标号砌筑水泥掺入量为 60%～70%。德州某建材厂利用德州电厂的干排粉煤灰可年产硅酸盐水泥 15 万多吨，先后生产出了 325 号和 425 号 R 型粉煤灰硅酸盐水泥。取得了年产利润 70 万元以上的经济效益和良好的环境效益。江苏盐城水泥厂利用盐城电厂的干排粉煤灰生产出 425 号粉煤灰硅酸盐水泥，也取得年盈利 100 多万元的经济效益以及良好社会效益。

【实验原理】

根据自行设计的实验方法确定实验原理。

【试剂与仪器】

根据自行设计的实验方法确定实验试剂与仪器。

【实验步骤】

1. 根据自行设计的实验方法确定实验步骤。
2. 指导教师认为可行后方可实验。

【数据处理】

根据实验实际情况，确定选择实验方法下的实验数据、最佳实验条件等分析处理。

【参考文献】

[1] 钱觉时．粉煤灰特性与粉煤灰混凝土［M］．北京：科学出版社，2002.
[2] 鲁晓勇，朱小燕．粉煤灰综合利用的现状与前景展望［J］．辽宁工程技术大学学报，2005，2：295-298.
[3] 方荣利，刘敏，周元林．利用粉煤灰研制泡沫玻璃［J］．新型建筑材料，2003，6：38-39.
[4] 姜晓波．粉煤灰泡沫玻璃的研究［J］．天津职业院校联合学报，2008，2：36-38.
[5] 何水清，李素贞. 粉煤灰加气混凝土砌块生产工艺及应用［J］．粉煤灰，2004，2：37-40.
[6] 黄剑锋，曹丽云，李颖华，吴建鹏．一种利用粉煤灰制备泡沫玻璃保温板的方法［P］（专利号：200910023181）．
[7] 田英良，张磊，顾振华，孙诗兵，罗红岩. 国内外泡沫玻璃发展概况和生产工艺［J］．玻璃与搪瓷，2012，2：37-40.

实验48 玻璃空心砖的设计与高温制备

【实验目的】

1. 了解建筑装饰玻璃的性能和特点。

2. 掌握工艺流程和反应原理。

【背景知识】

空心玻璃砖是由两个半块玻璃砖坯组合而成的具有中间空腔的玻璃制品，其周边密封，空腔内有干燥空气并存在负压，是一种较高贵典雅的建筑装饰材料。砖形有方形、长方形、圆形等。

该产品属新型建筑材料，它集普通建筑材料和颜色玻璃的优点为一体，具有隔声、隔热、抗压耐磨、防火保温、透光不透视、颜色亮丽、外形美观大方等诸多优点，既可作为室内隔断、屏风、浴池、门厅，又可作为室外栅栏、围墙，既可作为整体装饰，又可作为局部点缀，装饰效果华贵典雅，富丽堂皇，是传统砖瓦和普通玻璃的更新换代产品。

玻璃砖发明于1929年，用耐高温玻璃压制成型，用两个半坯结合在一起的Corning-Stenben玻璃砖及Owens-Illinois玻璃砖成为英国圣海伦斯皮尔金顿兄弟有限公司的一个专利的前身。时至今日，玻璃砖的生产还是建立在这个原理上。1933年玻璃砖开始进行工业性生产。近10年来，空心玻璃砖已经成为风行世界的建筑和装饰材料，玻璃砖作为一种较为高贵典雅的建筑装饰材料，成为了世界各地人民家居装饰的新宠。

适用范围：空心玻璃砖装饰效果高贵典雅、富丽堂皇，主要用于银行、办公楼、医院、学校、酒店、机场、车站、景观、影墙、民用建筑、室内隔断、舞台、疗养院、体育馆、游乐场、公寓等需要美化的房间和楼阁，是当今国际市场较为流行的新型饰材。目前，水立方国家游泳馆、上海世博会联合国馆、上海东方体育中心、上海广播电视大学、京沪高铁德州站、北京全国政协大厦、天津晚报大厦、山东卫视大厦、济南机场、深圳体育馆等著名建筑均采用了空心玻璃砖。

常见规格：空心玻璃砖的规格，主要从形状、大小、颜色、纹理等几个方面来描述。玻璃砖最常见的形状为正方形，最常见的玻璃砖的长、宽、厚度为190mm×190mm×80mm/95mm，另外145mm×145mm×80mm/95mm在国内的销量也是很不错的。其他的还有240mm×240mm×80mm、240mm×115mm×80mm，以及异形砖，如190mm×90mm×80mm。针对国外市场，生产厂家还会生产英制砖。

颜色方面，因为生产工艺以及技术方面的不同，各个厂家产品的颜色也是不尽相同的，但总体来讲，一般有蓝色、绿色、粉色、棕色、灰色几个色系，在这些颜色的基础上，会衍生一些浅些的颜色或者加入其他颜色融合为另一种新颜色。

另外，厂家也会根据客户的要求，研制生产其他颜色的玻璃砖。因为有的客户有特殊的需要，针对这些客户的要求，近些年，空心玻璃砖的深加工也开始红火起来，出现了一些以深加工为主的生产商。深加工主要分为内彩砖、艺术砖、异形砖及器材砖等，特殊的加工用于特殊的环境，效果无与伦比。

【主要性能】

空心玻璃砖是玻璃家族的新成员，它保持了玻璃的原有特性，又融合了作为结构砌块等建筑施工方面的新功能，还由于本身具有不同规格、花纹和颜色，因而还具有极强的装饰功能。由于空心玻璃砖内部有密封的空腔，因而具有隔声、隔热、控光、防火、减少灰尘透过及防结露等优良性能。

1. 绿色环保

玻璃砖属钠钙硅酸盐玻璃系统，是由石英砂（SiO_2）、纯碱（Na_2CO_3）、石灰石等硅酸盐无机矿物质原料高温熔化而成的透明材料，是名副其实的绿色环保产品。它不像油漆涂料，含有醇、苯、醚类等有害物质；也不像一些陶瓷石材含有氡、γ射线等有放射性的物质。设计合理没有光污染，而且能减弱其他物质带来的光污染，能调整光线的布局。它无毒无害、无污染、无异味、无刺激性，能防虫蛀，不会对人体构成任何侵害，还能全部回收，重制后能反复利用。施工简单，没有危险性，一次施工，两面墙体即刻透亮起来，既省力又省钱，是理想的家居装饰材料。

2. 隔热性能

空心玻璃砖的高隔热性是它能很快得到推广应用的重要原因。人体与周围环境保持热平衡，对人的健康与舒适来说是至关重要的条件。这种平衡取决于许多因素的综合作用，其中一些属于环境因素，如气温、辐射、温度、气流等。在舒适的环境里，人的精神饱满、愉快，反应灵敏，工作效率高。在传统的建筑中，窗户是保持室内温度平衡的最薄弱环节。夏季炽热的阳光往往透过玻璃窗将热辐射到室内，窗口的室外遮阳又使室内光线暗淡，使用照明无疑又增添了室内热源，浪费能源。空心玻璃砖的使用使这些矛盾得到了缓解。通过空心玻璃砖的漫散射和内部负压空腔，可使夏季室内在较强阳光照射下，得到足够的光线，而不必要的温升得到了缓解。冬季，窗又是室内保温的最薄弱环节，普通窗的保温性能很差，通过传导和渗透的热损失很大，无疑，这又大大增加了供暖设备的工作量，白白浪费能源。而且普通窗玻璃上易结霜，使冬季本来干燥的室内更加干燥。空心玻璃砖取代部分窗或玻璃幕墙采光便能很好地解决这些问题。其较低的热导率和负压中空腔阻止了热量的大量损失，内外两面温差可达40℃，而不影响空气的湿度。空心玻璃砖在建筑物上的使用，将使室内夏季凉爽，远离酷热，冬季温暖，不干燥而又节约能源。

3. 隔声性能

空心玻璃砖的高隔声性更是独树一帜的重要特色。居住、办公环境涉及方面很多，声环境是其中重要的组成部分。所谓声环境是指住宅内外的各种声源，形成的对人的生理、心理产生影响的声音环境。相对于光环境、热环境来讲，声环境的影响更是长期的。噪声的干扰使人们的休息、工作都受到影响。在综合调查中，要求提高住宅隔声能力的占35.15%，居首位。可见改善住宅的声环境是很重要的。提高建筑物的隔声能力，意味着改进现用的建筑材料和提高墙的厚度，减小窗的面积等，这些要求又和建筑用地紧张，原材料的价格日趋上涨、室内采光的要求相矛盾，往往采用折中的办法，以后面的几个要求为主，噪声问题总得不到解决。空心玻璃砖的出现给解决以上难题带来了希望。空心玻璃砖因其中有一密封负压气体，具有较高的隔声性。若用空心玻璃砖砌筑外墙来替代或减小窗子的面积，不但采光效果更好，而且还能有较好的隔声效果。若用空心玻璃砖做室内隔断，不但可以进行二次采光，还具有很好的隔声效果。

4. 透光不透视性能

空心玻璃砖的高透光但不透视的特性是一般装饰材料无法相比的。人类生活80%以上的外界信息来自视觉，且75%～90%的人体活动是由视觉引起的。光是正常人产生视觉必不可少的外界条件。据报道，美国每年约有6000人在住宅中因意外事故丧生，另有10万人受伤，这些事故大都是因照明不良造成视觉失误而引起的。随着社会的发展，人口越来越多，保证充足的采光与节约用地和节约能源存在着越来越尖锐的矛盾。空心玻璃砖的推广无疑会有助于这些问题的解决。白色空心玻璃砖的透光系数是75%～85%，与一般双层中空玻璃相当，优于其他有色装饰玻璃，用空心玻璃砖砌成的墙体具有高透光性。但由于玻璃砖内在表面存在有各种花纹、图案，有其不透视性，保持室内的隐蔽性，还使光线通过漫散射使整个房间充满柔和光线，解决了阳光直射引起的不适感。空心玻璃砖还可用于室内隔断，可使阳光从室外透过一层墙壁，再透过用空心玻璃砖砌成的隔断，达到二次透光，甚至是三次透光，大大提高室内的光环境水平。

5. 防火性能

空心玻璃砖的耐火特性也是相当卓越的，其耐火等级为GB甲级，耐火极限大于72min。在当今众多的装饰材料中，有许多是易燃的，如室内隔断或墙体的装饰材料，有纸质的、木质的、塑料质的、化纤质的等，有的材料虽也耐火，但在室内布置和装饰中可燃物越来越多的今天，一旦发生火灾，它们往往经不住火焰的高温考验，或变形、或损坏，往往是火焰迅速四处扩散、蔓延，难以控制，损失极大。另外，许多塑料、化纤质装饰材料在燃烧后释放出大量有害气体，当火灾发生后，造成人的窒息，导致死亡。空心玻璃砖不仅能满足高档装饰效果的需要，还能达到足够的防火标准，当火灾发生时，火焰遇到空心玻璃砖墙体或隔断，只好望而止步。阻滞了火焰的蔓延，阻止了物资的损失，给人带来更多的生存机会。在防火意识越来越强的今天，空心玻璃砖必将被越来越多的人认识和设计采用。

6. 高抗压和抗冲击性能

空心玻璃砖具有很高的抗压强度和抗冲击强度，因此在设计施工时，即便是很高的玻璃砖墙，空心玻璃砖的自重仍可忽略不计。

7. 防雾化

空心玻璃砖在防止雾化方面也有出色的表现，例如室内温度20℃，湿度60%的情况下，室外温度即使在－2℃时玻璃砖表面也不会雾化、结露，防止了雾化水汽对边框的浸蚀。

另外还具有其他优良的性能，如：防击穿性能、防盗安全性和易维护等性能。

【应用说明】

1. 空心玻璃砖墙体适用于建筑物的非承重内外装饰墙体。当用于建筑物外墙装饰时，一般采用95mm厚的玻璃砖。用于建筑物内部隔断时，95mm和80mm厚均可使用。

2. 95mm厚的空心玻璃砖装饰外墙适用于房屋高度24m及24m以下基本风荷载为0.55kN/m^{2}和抗震设防烈度7度及7度以下地区。基本风荷载大于0.55kN/m^{2}的地区以及抗震设防烈度高于7度的地区，玻璃砖墙体的控制面积需经个别计算确定。

3. 玻璃砖装饰墙体，使用于内部隔墙时，其房屋高度不受限制。

4. 空心玻璃砖墙体不适用于有高温熔炉的工业厂房及有强烈酸碱性介质的建筑物，不能用作防火墙。

【成分及特点】

空心玻璃砖的化学成分是高级玻璃砂、纯碱、石英粉等硅酸盐无机矿物原料，经高温熔化，并经精加工而成，无毒无害无污染，无异味，不对人体构成任何侵害，是一种名副其实的绿色环保产品。

【反应原理】

复杂的物理、化学变化，主要反应如下：

$$Na_2CO_3 + SiO_2 = Na_2SiO_3 + CO_2 \uparrow$$

$$CaCO_3 + SiO_2 = CaSiO_3 + CO_2 \uparrow$$

1. 硅酸盐形成阶段：温度 800～1000℃

主要的固相反应结束，配合料变成由硅酸盐和二氧化硅组成的不透明烧结物。如：$(Na_2O)_{0.5\sim2} \cdot (CaO)_{1\sim2} \cdot (SiO_2)_3$。

2. 玻璃形成阶段：温度 1200～1250℃

低共熔混合物熔化，硅酸盐和剩余石英砂粒互熔，熔体中有大量气泡（CO_2，O_2，SO_2，NO_2 等）。

玻璃的形成：1200～1400℃，硅酸盐烧结物和二氧化硅熔融、溶解、扩散，使不透明的半熔融烧结物变为透明的玻璃液，不再含有未反应的配合料颗粒。

3. 玻璃液澄清阶段——除气泡

加入澄清剂，如 Na_2SO_4，放出 SO_3 并带出气泡。

其它澄清剂：

$NaNO_3/KNO_3 + As_2O_5$——适于高温熔体 1400～1500℃；

$NaNO_3/KNO_3 + Sb_2O_3$——适于低温熔体 1300～1400℃。

4. 玻璃液的均化阶段：保持较高温度

通过扩散、对流、搅拌作用，消除条纹、成分不均匀和热不均匀性，使玻璃各部分在化学组成上达到预期的均匀一致。

5. 玻璃液冷却阶段：冷却降温 200～300℃

达到成型所要求黏度。传统急冷方法：一般不超过 10^2℃/s。

【生产工艺】

有两种生产方法，即熔接法和胶接法。

1. 熔接法

生产工艺流程如下：

原料混合→熔化→剪料→压制半坯→熔接→退火→检验→喷漆→包装

2. 胶接法

将两块凹形半块玻璃砖坯的侧壁嵌入截面为 H 形的热塑性塑料环形件的槽内，借助密封材料，在温度和挤压的作用下使型件表面软化，进而将两个凹形半块玻璃砖坯牢固地黏结在一起，形成整体空心玻璃砖。

与熔接法相比，胶接法产品成本低，产品尺寸准确，但强度远远低于熔接法的产品。

【参考文献】

[1] http://baike.baidu.com/view/587630.htm

[2] 西北工业学院主编. 玻璃工艺学 [M]. 北京：中国轻工业出版社，1982.

实验 49　废电石渣煅烧水泥的研究

【实验目的】

1. 了解生产水泥的流程中的电石渣的脱水、原料的配合、生料的配制等几个重要操作单元。

2. 了解水泥生产中电石渣浆的脱水、生料粉磨系统的优化、稳定入窑生料成分的措施等一部分关键技术。

3. 提高利用废电石渣生产水泥的生产质量和生产效率。

4. 加深对理论联系实际的认识，增加实际应用经验。

5. 为合理利用电石渣提供理论依据。

【背景知识】

电石渣是在乙炔气、聚氯乙烯、聚乙烯醇等工业产品生产过程中，电石（CaC_2）水解后产生的工业废渣，主要成分为 $Ca(OH)_2$，其化学成分 CaO 含量高达 70%，还含有 $CaCO_3$、SiO_2 硫化物、镁和铁等金属的氧化物、氢氧化物等无机物以及少量有机物。电石渣中的细颗粒较多，10～15μm 颗粒为 60%～80%，从乙炔发生器中排出的电石渣浆水分高达 90%以上。经沉降池浓缩后，水分仍有 70%～80%，正常流动时的水分在 50%以上。

电石渣的平均化学成分见表 16-4。

表 16-4　电石渣平均化学成分表　单位：%

名称	Loss	SiO_2	Al_2O_3	Fe_2O_3	CaO	MgO	SO_3	K_2O	Na_2O	Cl^-
比例	25.02	5.42	3.02	0.16	64.32	0.34	0.07	0.03	0.03	0.009

电石渣的个数平均粒径为 1.89μm，重量平均粒径为 9.19μm，面积平均粒径为 5.75μm，中位粒径为 8.29μm，比表面积为 947.32m^2/kg。

国内将电石渣应用于水泥生产，始于 20 世纪 70 年代，当时主要采用湿法长窑和立窑煅烧水泥熟料。随着水泥工业技术的发展，目前对电石渣利用的生产工艺是以“湿磨干烧”法为主、几种生产方式共存的局面，主要的生产工艺有：立窑生产工艺、湿法生产工艺、半湿法料饼入窑生产工艺（带料浆压滤系统的湿法窑）、五级旋风预热器窑生产工艺（干法工艺）、“湿磨干烧”生产工艺、“干磨干烧”生产工艺。

立窑生产工艺：这种工艺投资低，并且电石渣可全部代替石灰石配料。但该工艺相对落后，单条生产线产量低，熟料质量较低且不够稳定，属于国家产业政策要淘汰的生产工艺。

湿法生产工艺：这种工艺流程简单、投资低、配料及料浆输送方便、粉尘污染小、熟料质量好，并且电石渣也可全部代替石灰石进行配料。但该工艺中回转窑单位容积产量低、熟料烧成热耗高、设备腐蚀严重，系统产生大量的带碱性气体对窑尾特别是电除尘器腐蚀很明显。

半湿法料饼入窑生产工艺（带料浆压滤系统的湿法窑）：这种工艺保持了湿法工艺的优点，并针对湿法工艺入窑料浆水分高的缺点改为水分相对较低的料饼入窑，回转窑单位容积产量有较大幅度的提高，熟料烧成热耗有较大幅度的降低，但它也存在设备腐蚀严重，系统产生大量的带碱性气体对窑尾特别是电除尘器腐蚀很明显等缺点。

五级旋风预热器窑生产工艺（干法工艺）：熟料烧成热耗相对较低，生产工艺流程较复杂，电石渣的掺量受限，生产稳定性不好。

“干磨干烧”生产工艺：一种新型的生产工艺，目前各项指标还不太成熟。

“湿磨干烧”生产工艺：是目前较为流行的生产工艺，技术也相对成熟，生料浆成分搭配方便、均化合格率高，熟料烧成采用新型干法煅烧工艺，具有新型干法生产线的优点，熟料烧成热耗较湿法工艺低。但这种生产工艺也存在以下因素影响生产效率。

① 生料浆全部进入压滤机压滤，料浆处理量大。

② 由于电石渣的保水性强，随着电石渣掺量增加，生料脱水率迅速降低，过高的生料滤饼水分将给后续设备——烘干破碎机带来不利影响。因此为保证生料滤饼水分23%～25%，电石渣的掺加量一般<30%。

③ 为保证向烘干破碎机提供约650℃的高温烘干热气，一般采用两级预热器，料气间传热效果比传统预热器差，将影响生料预热分解和熟料煅烧。

④ 专用烘干破碎机一般布置于预热器框架旁的地面，为保证烟气带料至预热器顶部旋风分离器，必须保证烘干破碎机内一定的风速。在实际运行操作中，需要密切配合，否则，极易引起烘干破碎机堵料和窑系统操作不稳。

⑤ 由于采用湿法生料管磨，生料压滤量大，消耗功率相对较大，专用烘干破碎机装机功率也较大，故熟料综合电耗相对较高，对于100t/d熟料预分解窑，一般为70kW·h/t以上。

⑥ 由于生料采用湿法粉磨，虽然粉磨用水可采用生料压滤排出的循环水或电石渣浆浓缩水，但料饼内含有的大量水分烘干蒸发仍将造成水资源浪费。

⑦ 生料饼的烘干、打散须用专用烘干破碎机，而目前烘干破碎机尚未大型化，已使用的也存在提高设备运转率和传热效率的技术进步问题，这限制了工厂规模的扩大。

【实验原理（生产工艺流程）**】**

利用电石渣配料煅烧水泥熟料的“湿磨干烧”工艺的典型流程见图16-1。电石渣作为原料之一与其他原料配料后一起入湿法生料磨，亦可不经过磨机在磨后混合，磨成综合水分的生料浆，通过机械脱水装置脱水，成为综合水分为35%左右的料饼，再将料饼送入破碎烘干机，利用窑尾废气余热烘干并打散料饼。烘干破碎后的物料随气流进入窑尾两级预热器、分解炉、回转窑煅烧水泥熟料。

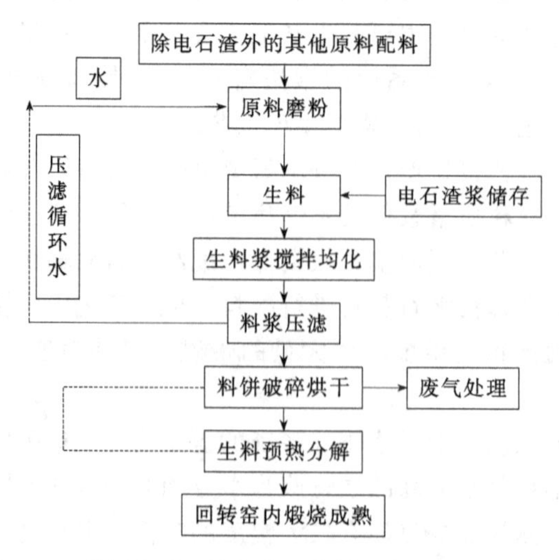

图16-1 利用电石渣煅烧水泥熟料湿磨干烧工艺流程图

【原料和仪器】

原料：电石渣，石灰石。

仪器：电子分析天平；箱式电阻炉；增力电动搅拌器；分样筛（100～400 目）；综合热分析仪；转子流量计；电热鼓风干燥箱；板框压滤机；立式磨等。

【实验步骤】

1. 电石渣的脱水

电石渣浆脱水可以采用机械脱水和烘干脱水两种方式，针对水泥生产的设备特点和这两种脱水方式，采用机械脱水，其流程为：将含水量 75%～80%的电石渣浆经机械过滤后，尽量降低滤饼水分，再经计量，与配料站来的混合料搭配后直接入烘干磨系统粉磨。

探索合理的工艺参数，进行以下实验，实验在三种状态下进行：

(1) 滤室厚度不同，进浆浓度相同，过滤压力相同，对滤浆进行压滤。

(2) 滤室厚度相同，进浆浓度不同，过滤压力相同，对滤浆进行压滤。

(3) 滤室厚度相同，进浆浓度相同，过滤压力不同，对滤浆进行压滤。

通过上述实验，确定合理的脱水条件：滤室厚度、进浆浓度、过滤压力。

2. 电石渣配料

实现连续生产需要三台压滤机。简单来说，就是 A 压滤机在卸料时，B 压滤机在进浆压滤，C 压滤机已压滤脱水完毕，处于随时卸料状态，当 A 压滤机卸料完毕，C 压滤机立刻启动卸料，如此周而复始地循环，实现连续生产。

对压滤机设置 PLC 程序控制，调整拉板时间来控制料饼的卸料速度，以控制给料量，通过特殊加工的双轴搅拌机破碎、稳料，由皮带秤计量再与其他原料按比例配合实现较精确的配料。配合料直接由输送皮带机输送，并直接入磨进行烘干粉磨。

3. 原料分析

实验开始前，针对电石渣的特殊性，在实验室的条件下用差热分析法对电石渣的脱水进行实验，在 60℃和 100℃分别烘干半小时后，将温度继续升高，得出电石渣的完全脱水温度为 580℃。

电石渣的主要成分 $Ca(OH)_2$ 在加热过程中，部分 $Ca(OH)_2$ 会吸收气体中的 CO_2 生成 $CaCO_3$。加热至 390℃时 $Ca(OH)_2$ 开始分解，至 580℃时就完全失水生成 CaO，生成的部分 CaO 又会吸收气体中的 CO_2 生成 $CaCO_3$。在 900℃以上时，$CaCO_3$ 会重新分解。上述反应式如下：

$$Ca(OH)_2+CO_2 \longrightarrow CaCO_3+H_2O\uparrow$$

$$Ca(OH)_2 \longrightarrow CaO+H_2O\uparrow$$

$$CaO+CO_2 \longrightarrow CaCO_3$$

$$CaCO_3 \longrightarrow CaO+CO_2\uparrow$$

4. 生料粉磨系统热量的测定（选做）

利用立磨机最高工作效率来计算所需热量，然后根据流程来计算总的供热量，比较热量摄入量和热量带出量，如果摄入量比带出量多，则说明系统中预热器的热量能全部转化为立磨热量，只利用废热能源就可以满足生产要求，若摄入量比带出量少，则还需要考虑其他方法来为立磨系统提供热量。

【实验数据分析】

1. 根据电石渣的脱水实验，确定电石渣经压滤后的含水量。

2. 电石渣配料实验，对压滤机设置PLC程序控制，如何优化时间来控制料饼的卸料速度，以控制给料量。

3. 采用差热分析法对电石渣的脱水实验的数据进行分析，得出电石渣的完全脱水温度为580℃。

4. 生料粉磨系统热量的测定数据分析。

【结果与讨论】

1. 利用带气橡胶隔膜对压滤机进行改进，利用流体静压和压缩空气作用橡胶隔膜产生的弧面变向剪切压力来双重脱水，提高过滤效果，使压滤后的水分小于35%，满足生产要求，使机械脱水后的电石渣直接入磨成为可能。

2. 利用现场PLC将液压脱水、气压脱水、卸料融为一体。通过多台压滤机组合，以接力方式实现连续生产，同时通过调整拉板时间，控制给料量，实现精确配料。

3. 为满足烘干、粉磨高黏湿物料的要求，将立磨的分离选粉系统扩大0.5倍，风量比同规模生产线增加30%，各出口管道增粗，尽量延长物料停留时间，降低气体中的蒸汽压力，从而达到降低蒸发温度，提高蒸发速度的目的，保证磨机产量在掺入电石渣的情况下不低于使用通常原料的产量。

本项目借鉴了其他行业的成功经验，对普通的压滤设备进行了改进，增加了带气橡胶隔膜。实际运行表明，电石渣经压滤后其水分正常含量为33%，最低为31%，优于设计指标（正常35%，最大40%），这使得系统的运行能耗进一步降低，原有用于补充热气，用于烘干的煤粉炉，除雨季，基本上可以不用。

原料的配料方式独特、合理，很好地解决了黏湿物料的配比、输送，使压滤后的电石渣能顺利入磨烘干、粉磨，满足生产要求。

生料立式磨系统的优化合理，其烘干能力、粉磨能力达到了预期目的。

【参考文献】

丁奇生，张平洪. 电石渣用于新型干法水泥熟料生产[J]. 中国水泥，2005，(6)：56-59.

实验 50 粉煤灰漂珠做载体包覆纳米 TiO_2 光降解催化剂的研究

【实验目的】

1. 掌握光催化反应机理。

2. 掌握溶胶-凝胶法制备 TiO_2 膜的工艺条件。

3. TiO_2 膜光照条件下光催化氧化的性能。

【背景介绍】

自从 1972 年 Fujishima 和 Honda 在 Nature 杂志上发表的关于 TiO_2 电极上分解水的论文起，来自化学、物理、材料等领域的学者围绕太阳能的转化和储存、光化学合成，探索多相光催化过程的原理，致力于提高光催化的效率进行了大量的研究。光催化消除和降解污染物成为其中最为活跃的一个研究方向。TiO_2 作为光催化剂的一种，不仅无毒、价廉、稳定、使用寿命长，而且还能被波长为 380nm 左右的近紫外光激发，在温和条件下完全降解各种有机污染物，具有广阔的应用前景。而且近年来发现纳米粉末具有优异的表面效应和量子尺寸效应。因此，纳米 TiO_2 作为光催化剂更加为人们所重视，成为了研究和应用的热点。

本实验的内容是以漂珠为载体，用溶胶-凝胶法在其上负载 TiO_2 膜，并将其应用于有机废水处理。主要探索用溶胶-凝胶法制备 TiO_2 膜的工艺条件和 TiO_2 膜光照条件下光催化氧化的性能。

【实验原理】

1. TiO_2 的光催化机理

半导体之所以具有光催化活性是由于经一定波长的光激发后，导带上的电子受到激发而跃迁产生激发电子，同时在价带上产生空穴。这些电子和空穴具有一定的能量，而且可以自由迁移，当它们迁移到催化剂时，则可与被吸附在催化剂表面的化学物质发生化学反应，并产生大量具有高活性的自由基。然而，这些光生电子和空穴都不稳定，易复合并以热量的形式释放。事实表明，光催化效率主要决定于两种过程的竞争，即表面电荷载流子的迁移率和电子空穴复合率的竞争。如果载流子复合率太快（<0.1ns），那么，光生电子或空穴将没有足够的时间与其他物质进行化学反应。而在半导体 TiO_2 中，这些光生电子和空穴具有较长的寿命（大约为 250ns），这就有足够的时间让电子和空穴转移到晶体的表面，在 TiO_2 表面形成不同自由基，最常见的是 OH^- · 自由基。Martin 等通过电子自旋共振（ESR）和激光火焰光分析测量实验后，提出了 TiO_2 光催化剂的光催化反应机理，具有如下反应过程：

首先在紫外光照下（$h\nu \geqslant 3.2$eV），在 TiO_2 半导体上产生光生电子和空穴

$$TiO_2 + h\nu \longrightarrow TiO_2(e^- + h^+)$$

在极短的时间（ps）内，光生电子迁移到 TiO_2 的表面，被表面所吸附的物质捕获，从而导致了 Ti^{3+} 中心的形成

$$Ti^{4+} + e^- \longrightarrow Ti^{3+}$$

TiO_2 表面吸附的氧气分子是非常有效的电子捕获剂，它可以有效地阻止大量 Ti^{3+} 的产生，或者阻止一个电子从 Ti^{3+} 转移到吸附氧而形成 O^{2-} · 阴离子自由基

$$O_2 + e^- \longrightarrow O_2^- \cdot$$

$$O_2 + Ti^{3+} \longrightarrow O_2^- + Ti^{4+}$$

而吸附在 TiO_2 表面上的水分子（H_2O）及氢氧根离子（OH^-）被 TiO_2 价带空穴氧化而形成氧化剂，即形成 OH^-。

$$Ti^{4+} - O_2^{2-} - Ti^{4+}OH_2 + h^+ \longrightarrow \{Ti^{4+} - O_2^- - Ti^{4+}\} - OH^- + H^+$$

$$Ti^{4+} - O_2^- - Ti^{4+}OH^- + h^+ \longrightarrow \{Ti^{4+} - O_2^- - Ti^{4+}\} - OH$$

以上反应发生时间都在纳秒内，同时光生电子和空穴也将发生如下反应

$$e^- + h^+ \longrightarrow E$$

$$e^- + \{Ti^{4+} - O_2^- - Ti^{4+}\} - OH \longrightarrow Ti^{4+} - O_2^- - Ti^{4+} - OH^-$$

$$h^+ + Ti^{3+} \longrightarrow Ti^{4+}$$

因此，纳秒时间对被捕获的电子与空穴的复合以及发生光催化氧化还原反应，都是至关重要的。

如何增加电子和空穴的捕获剂的数量，抑制光生电子与空穴的复合，稳定 OH^- ·等对光催化反应非常重要。

另外，半导体颗粒的尺寸也会影响光催化反应的效率，当半导体粒子的粒径小于某一临界值时，量子尺寸效应变得显著，载流子就会显示出一定的量子行为，如导带和价带变成分立能级，能隙变宽，价带电位变得更正，导带电位变得更负，这样提高了光生电子和空穴的氧化还原能力，并导致了半导体光催化氧化有机物的能力提高。

2. 溶胶-凝胶法包覆机理

溶胶-凝胶法是将金属有机或无机化合物经过溶液、溶胶、凝胶而固化、再经热处理而成氧化物固体的方法。制备过程为：将溶胶通过浸渍法在载体上形成液膜，经凝胶化后通过热处理而转变成无定形态或多晶态涂层。

以钛酸四正丁酯为原料，加入溶剂、水、催化剂等物质，溶液中的醇盐首先被加入的水水解，然后水解醇盐通过羟基缩合，进一步发生交联、枝化，从而合成聚合物。溶胶-凝胶过程包括水解和聚合两个互相制约的反应过程，如钛醇盐在溶液中的水解聚合反应过程如下：

水解反应 $Ti(C_4H_9O)_4 + 4H_2O \longrightarrow Ti(OH)_4 + 4C_4H_9OH$

聚合反应 $Ti(OH)_4 + Ti(C_4H_9O)_4 \longrightarrow 2TiO_2 + 4C_4H_9OH$

$$Ti(OH)_4 + Ti(OH)_4 \longrightarrow 2TiO_2 + 4H_2O$$

【仪器与试剂】

试剂：钛酸四正丁酯（化学纯 CP），甲基橙，无水乙醇（分析纯 AR），浓硝酸（分析纯 AR，65%～68%），粉煤灰漂珠。

仪器：光化学反应仪，电动搅拌器，循环水式真空泵，箱式电阻炉，752 型紫外可见分光光度计等。

【实验步骤】

1. TiO_2 的制备

溶胶-凝胶液（sol-gel）的配制以普通溶胶-凝胶法为基础，钛酸四正丁酯为前驱体，浓硝酸为水解抑制剂。将 16mL 钛酸四正丁酯与 80mL 无水乙醇均匀混合，形成 A 液；将 32mL 无水乙醇、1.6mL 水和 0.5mL 硝酸（1∶4）均匀混合，形成 B 液；在剧烈搅拌的情况下，将 B 液缓慢地加入到 A 液中，并剧烈搅拌 30min，形成透明的溶胶；最后静置 24h，形成凝胶备用。

在酸性条件下，钛酸四正丁酯、少量水分别加入到乙醇后进行水解反应，钛酸四正丁酯的水解反应非常迅速，水解过快会生成白色沉淀，乙醇用来减缓反应的速度；同时，其能强烈吸附空气中的水，因此胶体应尽可能在干燥的环境下制备。制得的胶体放置一天进行熟化后即可使用（假设钛酸四正丁酯全部水解）。

为了研究溶胶组分变化对催化剂活性的影响，可分别制备使用不同溶剂量（乙醇与钛酸四正丁酯体积比 5∶1、7∶1、9∶1）、不同硝酸添加量（0.5mL、1mL、1.5mL）的溶胶-凝胶液，通过存放时间，考察溶胶的稳定性。

2. TiO_2 催化膜制备过程依次可分为溶胶-凝胶液的制备、膜载体的成膜和热处理过程两步，制备过程如图 16-2 所示：

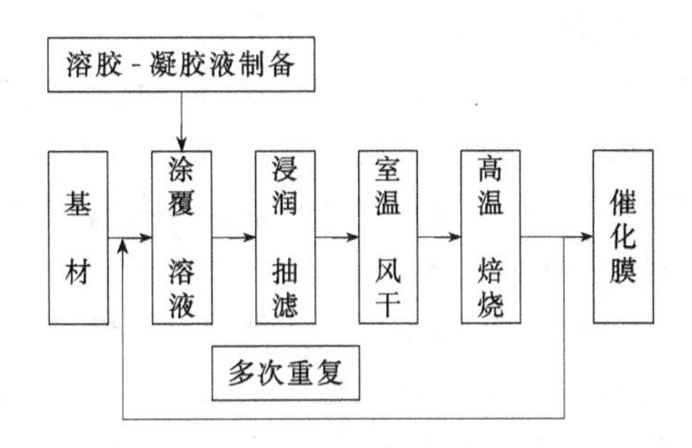

图 16-2　TiO_2 催化膜制备流程图

采用浸润抽滤法对膜载体进行涂覆。将 5g 的漂珠浸入胶液中 1min，取出后在自然环境下晾干（至少 3h），以此为一次成膜过程。经成膜过程后的漂珠放入马弗炉中，以 2℃/min 的速度升温至某一温度（350℃～500℃），并在这一高温保持 1h，去除凝胶膜中的有机物、实现催化剂的固定和 TiO_2 的晶化，最后在干燥环境下自然冷却，称重。在膜催化剂的制备过程中，为了满足光催化反应所需的负载量，通常要经过多次涂膜与焙烧的循环过程。

参考制备 TiO_2 光催化剂的较佳条件为：胶液组成为 $V_{Ti(C_4H_9O)_4}:V_{C_2H_5OH}:V_{H_2O}:V_{(1:4)HNO_3}=16:112:1.6:0.5$，涂覆次数为 3 次；焙烧条件为先以 2℃/min 的升温速度升温至 500℃，然后在 500℃下保持 1h。

3. TiO_2 膜光催化活性研究（至少选择②～⑩中的三个条件）

本次实验以甲基橙的脱色反应检测催化剂的光催化活性，采用测量吸光度的方法计算甲基橙的去除率来代替测量甲基橙的浓度。

① 甲基橙吸光度标准曲线绘制　甲基橙的特征吸收波长为 455nm。

② 空白试样的实验数据测定　空白试样的反应条件为：光源（光化学反应仪），甲基橙的初始浓度为 50mg/L，反应时间为 120min。

分析在没有光催化剂的条件下，甲基橙在 120min 内，光降解情况。通过空白试样的对照，为后续分析结果的正确性提供合理的保证。

③ 负载量对光催化性质研究　测定漂珠在负载光催化剂前后的质量差。包括每次在溶胶-凝胶液中浸润抽滤前后和在马弗炉中焙烧前后的质量差来计算催化剂的负载量。

在固定膜光催化剂反应中，光催化剂的投加量体现为所用薄膜光催化剂的面积及其负载量（基于单位面积薄膜的光催化剂质量，g/m^2）。前者由具体的反应器形式决定，而后者则与光催化剂制备过程中的涂覆液性质、涂覆方法以及涂覆次数等有关。

④ 负载量与胶液利用次数的关系　溶胶-凝胶的浸润抽滤法主要通过基材浸泡在胶液

中，使催化剂组分负载在基材上，然后将附有催化剂的基材从胶液中分离出来，通过焙烧将其固化。

测试负载量与涂覆次数是否呈现很好的线性关系，从而说明胶液是否可以被多次重复利用，为工业上大量制备催化剂提供可能。

⑤ 负载量与焙烧温度的关系 测试不同焙烧温度下 TiO_2 光催化剂的单层负载量。

⑥ 不同溶胶组分催化剂活性的比较 选择不同溶剂和硝酸添加量来控制整个胶液陈化过程和干化过程的水解/配位反应速率，评价其对于光催化剂活性的影响。

⑦ 溶剂添加量对催化剂活性的影响比较 对未改性的标准 TiO_2 膜光催化剂，研究溶胶中不同溶剂（无水乙醇）添加量对光催化活性的影响。

本实验分别选定无水乙醇/钛酸四正丁酯（体积比）＝5/1，7/1 和 9/1 三个比例进行研究，测试分别在 350℃和 450℃焙烧后制得的催化剂之间活性的比较。

⑧ 硝酸添加量对催化剂活性的影响比较 采用 1∶4 硝酸作为调节溶胶水解速度的催化剂，通过添加硝酸量来降低 pH 值，以得到稳定且能长期保存的溶胶，来满足实际应用的要求，探索不同硝酸添加量（钛酸四正丁酯 16mL、乙醇 144mL、水 1.6mL、涂覆 3 次、焙烧温度 350℃，硝酸 0.5mL、1.0mL、1.5mL）对光催化剂活性的影响。

⑨ 不同涂覆次数对催化剂活性的影响比较 对比不同涂覆次数对催化剂活性的影响（钛酸四正丁酯 16mL、乙醇 112mL、水 1.6mL、硝酸 0.5mL、焙烧温度 500℃）。

⑩ 不同焙烧条件下催化剂的活性 评价焙烧温度区间取在 350～500℃，焙烧过程为先以 2℃/min 焙烧，至所需高温，然后在此高温保持 1h。

反应体系中甲基橙的初始浓度为 50mg/L，体积为 250mL，催化剂用量为 4g，负载量一定时以汞灯进行照射，反应时间 120min，不同焙烧温度对光催化剂活性的影响（钛酸四正丁酯 16mL、乙醇 144mL、水 1.6mL、硝酸 0.5mL、涂覆 3 次）。

【结果与讨论】

1. 分析以上 10 种条件对催化剂活性的影响，得出结论。

2. 参照文献，结合自己的实验数据，分析不同条件下得到的催化剂的各种性能；分析原因及影响因素。

3. 提出自己的见解或创新点。

【参考文献】

[1] 宋成芳．漂珠为载体 TiO_2/SiO_2 膜的制备及性能研究 [J]．环境科学与技术，2006，8 (29)：14-16.

[2] 马荣骏．TiO_2 的光催化作用及其研究进展 [J]．稀有金属与硬质合金，2006，6 (2)：41-42.

[3] 黄元龙，赵光明．溶剂、催化剂对 TiO_2 溶胶凝胶过程的影响 [J]．功能材料，1997，28 (1)：37-41.

[4] J G Yu，X J Zhao. Effect of substrates on the photocatalytic activity of nanometer TiO_2 thin film [J]．Materials Research Bulletin，2000，35：1293-1301.

实验51 沸石分子筛的水热合成与性能测试

【实验目的】

1. 学习和掌握NaA、NaY和ZSM-5型分子筛的水热合成方法。

2. 了解分子筛的基本知识与应用。

【背景介绍】

1. 沸石分子筛的结构与合成

沸石分子筛是一类重要的无机微孔材料，具有优异的裂化异构化性能、酸碱催化、吸附分离和离子交换能力，在许多工业过程包括催化、吸附和离子交换等有广泛的应用。沸石分子筛的基本骨架元素是硅、铝及与其配位的氧原子，基本结构单元为硅氧四面体和铝氧四面体，四面体可以按照不同的组合方式相连，构筑成各式各样的沸石分子筛骨架结构。A型分子筛属立方晶系，晶胞组成为$Na_{12}(Al_{12}Si_{12}O_{48})\cdot 27H_2O$。NaA（钠型）平均孔径为4Å，称为4A分子筛，离子交换为钙型后，孔径增大至约5Å，而钾型的孔径约为3Å。

X型和Y型分子筛具有相同的骨架结构，区别在于骨架硅铝比例的不同，习惯上，把SiO_2/Al_2O_3比等于2.2～3.0的称为X型分子筛，而大于3.0的叫做Y型分子筛。

ZSM-5分子筛属于正交晶系，是常见的高硅沸石，具有比较特殊的结构，硅氧四面体和铝氧四面体以五元环的形式相连，八个五元环组成一个基本结构单元，这些结构单元通过共用边相连成链状，进一步连接成片，片与片之间再采用特定的方式相接，形成ZSM-5分子筛晶体结构。因此，ZSM-5分子筛只具有二维的孔道系统，不同于A型、X型和Y型分子筛的三维结构。ZSM-5分子筛是广泛应用于石油化工领域的固体酸催化剂。

常规的沸石分子筛合成方法为水热晶化法，即将原料按照适当比例均匀混合成反应凝胶，密封于水热反应釜中，恒温热处理一段时间，晶化出分子筛产品。反应凝胶多为四元组分体系，可表示为R_2O-Al_2O_3-SiO_2-H_2O，其中R_2O可以是NaOH、KOH或有机胺等，作用是提供分子筛晶化必要的碱性环境或者结构导向的模板剂，硅和铝元素的提供可选择多种多样的硅源和铝源，例如硅溶胶、硅酸钠、正硅酸乙酯、硫酸铝和铝酸钠等。反应凝胶的配比、硅源、铝源和R_2O的种类以及晶化温度等对沸石分子筛产物的结晶类型、结晶度和硅铝比都有重要的影响。沸石分子筛的晶化过程十分复杂，目前还未有完善的理论来解释，粗略地可以描述分子筛的晶化过程为：当各种原料混合后，硅酸根和铝酸根可发生一定程度的聚合反应形成硅铝酸盐初始凝胶。在一定的温度下，初始凝胶发生解聚和重排，形成特定的结构单元，并进一步围绕着模板分子（可以是水合阳离子或有机胺的离子等）构成多面体，聚集形成晶核，并逐渐成长为分子筛晶体。

鉴定分子筛结晶类型的方法主要是粉末X射线衍射，各类分子筛均具有特征的X射线衍射峰，通过比较实测衍射谱图和标准衍射数据，可以推断出分子筛产品的结晶类型。此外，还可通过比较分子筛某些特征衍射峰的峰面积大小，计算出相对结晶度，以判断分子筛晶化状况的好坏。

2. 比表面积、孔径分布和孔体积测定原理和方法比表面积、孔径分布和孔体积是多孔材料十分重要的物性常数。比表面积是指单位质量固体物质具有的表面积值，包括外表面积和内表面积；孔径分布是多孔材料的孔体积相对于孔径大小的分布；孔体积是单位质量固体物质中一定孔径分布范围内的孔体积值。等温吸脱附线是研究多孔材料表面和孔的基本数据。一般来说，获得等温吸脱附线后，方能根据合适的理论方法计算出比表面积和孔径分布等。

所谓等温吸脱附线，即对于给定的吸附剂和吸附质，在一定的温度下，吸附量（脱附量）与一系列相对压力之间的变化关系。最经典也是最常用的测定等温吸脱附线的方法是静态氮气吸附法，该法具有优异的可靠度和准确度，采用氮气为吸附质，因氮气是化学惰性物质，在液氮温度下不易发生化学吸附，能够准确地给出吸附剂物理表面的信息，基本测定方法如下：先将已知质量的吸附剂置于样品管中，对其进行抽空脱气处理，并可根据样品的性质适当加热以提高处理效率，目的是尽可能地让吸附质的表面洁净；将处理好的样品接入测试系统，套上液氮冷阱，利用可定量转移气体的托普勒泵向吸附剂导入一定数量的吸附气体氮气。吸附达到平衡时，用精密压力传感器测得压力值。因样品管体积等参数已知，根据压力值可算出未吸附氮气量。用已知的导入氮气总量扣除此值，便可求得此相对压下的吸附量。继续用托普勒泵定量导入或移走氮气，测出一系列平衡压力下的吸附量，便获得了等温吸脱附线。

一般来说，按孔平均宽度来分类，可分为微孔（小于 2nm）、中孔（2～50nm）和大孔（大于 50nm），不同尺寸的孔道表现出不同的等温吸脱附特性。对于沸石分子筛而言，其平均孔径通常在 2nm 以下，属微孔材料。由于微孔孔道的孔壁间距非常小，宽度相当于几个分子的直径总和，形成的势场能要比间距更宽的孔道高，因此表面与吸附质分子间的相互作用更加强烈。在相对压很低的情况下，微孔便可被吸附质分子完全充满。通常情况下，微孔材料呈现Ⅰ型等温吸附线形状，见图 16-3。这类等温线以一个几乎水平的平台为特征，这是由于在较低的相对压力下，微孔发生毛细孔填充。当孔完全充满后，内表面失去了继续吸附分子的能力，吸附能力急剧下降，表现出等温吸附线的平台。当在较大的相对压力下，由微孔材料颗粒之间堆积形成的大孔径间隙孔开始发生毛细孔凝聚现象，表现出吸附量有所增加的趋势，即在等温吸附线上表现出一陡峭的“拖尾”。

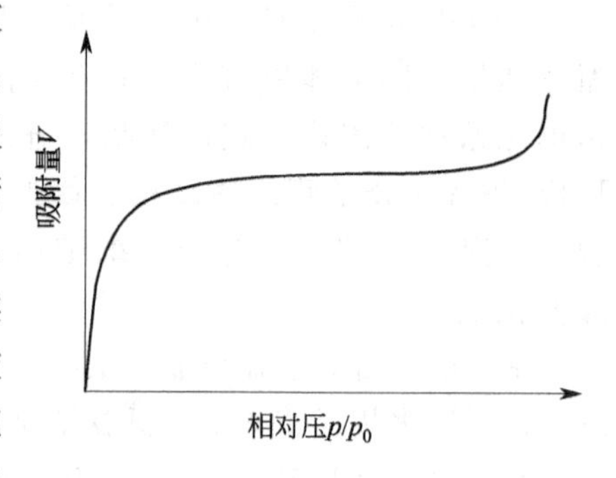

图 16-3　Ⅰ型等温吸附线

【仪器与试剂】

试剂：氢氧化钠，硫酸铝，25%硅溶胶，硅酸钠，四丙基溴化铵（TPABr），甲基橙、亚甲基蓝、罗丹明等。

仪器：电子天平，磁力搅拌器，机械搅拌器，电热烘箱，马弗炉，水热反应釜，烧杯等玻璃仪器，比表面和孔径分析仪。

【实验步骤】

1. NaA 型分子筛

反应胶配比为 Na_2O : SiO_2 : Al_2O_3 : H_2O = 4 : 2 : 1 : 300。具体实验步骤为：在 250mL 的烧杯中，将 13.5g NaOH 和 12.6g $Al_2(SO_4)_3 \cdot 18H_2O$ 溶于 130mL 的去离子水中，在磁力搅拌状态下，用滴管缓慢加入 9g 25%的硅溶胶，充分搅拌约 10min，所得白色凝胶

转移入洁净的不锈钢水热反应釜中，密封，放入恒温 80℃的电热烘箱中，6h 后取出。将反应釜水冷至室温，打开密封盖，抽滤洗涤晶化产物至滤液为中性，移至表面皿中，放在 120℃的烘箱中干燥过夜，取出称重后置于硅胶干燥器中存放。

2. NaY 型分子筛

NaY 型分子筛的制备需在反应胶中添加 Y 型导向剂，提供 Y 型分子筛晶体成长的晶核，才能高选择性地完成晶化过程。Y 型导向剂反应胶配比为 Na_2O : SiO_2 : Al_2O_3 : H_2O=16 : 15 : 1 : 310。具体实验步骤为：在 250mL 的烧杯中，将 18.4g NaOH 溶解于 42.6mL 的去离子水中，冷却后，在搅拌状态下缓慢注入 60mL 硅酸钠溶液（SiO_2 浓度为 5mol/L，Na_2O 浓度为 2.5mol/L），然后用滴管缓慢滴加 20mL 的 1mol/L 硫酸铝溶液，均匀搅拌 30min，室温下陈化 24 h 以上。

反应胶最终配比为 Na_2O : SiO_2 : Al_2O_3 : H_2O=4.5 : 10 : 1 : 300，导向剂含量为 10%（以 SiO_2 物质的量为参比）。具体实验步骤为：在 250mL 的烧杯中，将 8.2g NaOH 溶解于 50mL 去离子水中，冷却后分别加入 16.7g Y 型导向剂和 40.8g 25%硅溶胶，均匀搅拌 10min，在强烈机械搅拌状态下，用滴管缓慢加入 18mL 1mol/L 硫酸铝溶液，充分搅拌约 10min，所得白色凝胶转移入洁净的不锈钢水热反应釜中，密封，送入恒温 90℃的电热烘箱中，24h 后取出。将反应釜水冷至室温，打开密封盖，抽滤洗涤晶化产物至滤液为中性，移至表面皿中，放在 120℃烘箱中干燥过夜，取出称重后置于硅胶干燥器中存放。

3. ZSM-5 分子筛

ZSM-5 分子筛的合成体通常含有有机胺模板剂，模板剂对形成特定晶体结构的分子筛有诱导作用。反应胶配比为 Na_2O : SiO_2 : Al_2O_3 : TPABr : H_2O=6 : 60 : 1 : 8 : 4000。具体实验步骤为：在 150mL 烧杯中将 1.2g NaOH、3.5g 四丙基溴化铵（TPABr）和 1.1g $Al_2(SO_4)_3 \cdot 18H_2O$ 溶解在 100mL 去离子水中，然后加入 24g 25%硅溶胶，充分搅拌约 20min，所得白色凝胶转移入洁净的不锈钢水热反应釜中，密封，送入恒温 180℃电热烘箱中，72h 后取出。将反应釜水冷至室温，打开密封盖，抽滤洗涤晶化产物至滤液为中性，转移到表面皿中，放在 120℃烘箱中过夜。将干燥样品移至瓷坩埚，放入马弗炉中 650℃焙烧 8h 除去有机模板剂，取出称重后置于硅胶干燥器中存放。

4. 4A 分子筛

有效孔径为 0.4nm 的分子筛称为 4A 分子筛。4A 分子筛的化学成分为铝硅酸钠盐，分子式为 $Na_2O \cdot Al_2O_3 \cdot 2SiO_2 \cdot 4.5H_2O$，结构是以铝硅酸盐阴离子骨架为主体，在水溶液中，偏铝酸钠和硅酸钠的阴离子都是以水合状态存在的。

所以当一定比例的偏铝酸钠和硅酸钠在 pH 值相当高的水溶液中进行反应时，能迅速发生聚合而形成碱性铝硅酸盐凝胶。这种凝胶在一定的温度和相应的饱和水蒸气压下，受到介质中 OH^- 的催化发生解聚，形成 4A 分子筛所需的结构单元（四元环、六元环、八元环）。这些多元环包围着水合阳离子，在晶化过程中，它们进行重排而形成 4A 分子筛晶核的多面体。多面体相互结合形成了有序的晶体结构，再进一步成长为 4A 分子筛晶体。

实验室合成 4A 分子筛常以水玻璃（Na_2SiO_3）、偏铝酸钠（$NaAlO_2$）和氢氧化钠为原料，按一定比例混合，加入一定量的水，搅拌成胶后，在 90～100℃温度进行晶化。晶化程度可用显微镜观察，若有外观为正方形晶体，说明晶化完全。经过滤、洗涤、干燥即得 4A 分子筛。为使实验简化，本实验采取直接配料的方法，免去了合成前对原料的分析过程。将固体硅酸钠、偏铝酸钠、氢氧化钠和水按一定比例混合，搅拌成胶后晶化即可。

溶液的配制流程如下：

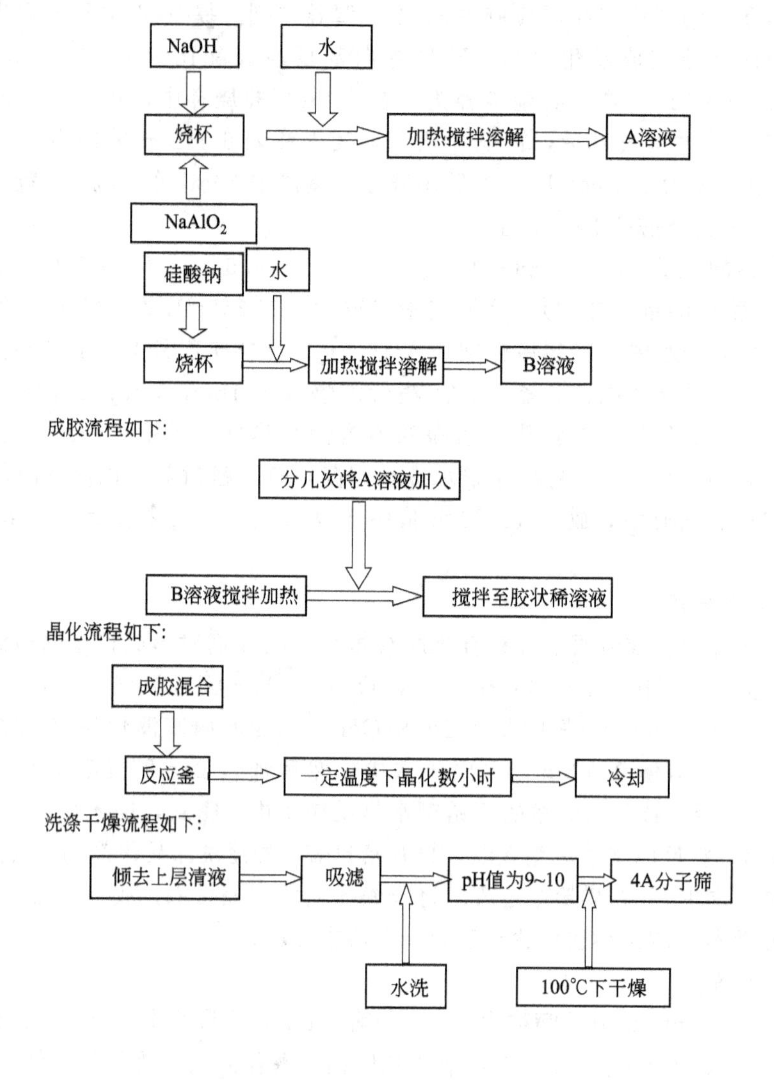

经过滤、洗涤、干燥即得 4A 分子筛。

合成原理：反应在碱性溶液中进行

$$12NaAlO_2 + 12Na_2SiO_3 + 12H_2O \longrightarrow Na_{12}[(AlO_2)_{12} \cdot (SiO_2)_{12}] + 24NaOH$$

考察合成温度、晶化时间、原料配比、pH 等对合成的 4A 分子筛的晶化效果的影响。

【样品的表征】

（1）用 X 射线粉末衍射仪（CuKα 射线）表征各类分子筛的 X 射线衍射峰，通过比较实测衍射谱图和标准衍射数据，推断出分子筛产品的结晶类型。通过比较分子筛某些特征衍射峰的峰面积大小，计算出相对结晶度，以判断分子筛晶化状况的好坏。

（2）用比表面和孔径分析仪分析样品的比表面积和孔径大小。

（3）晶化程度可用显微镜观察，若有外观为正方形晶体，说明晶化完全。

【4A 分子吸附性测试】

1. 吸附水的测试方法

取少量已活化的 4A 分子筛（在马弗炉内于 600℃恒温 2h，然后在真空干燥器中冷却 0.5h 即可），放在小试管中，加入 2 粒已吸水变红的硅胶，将试管塞好放置，根据硅胶颜色的变化比较其吸水性强弱。

2. 吸附乙醇的测试方法

准确称取约 1g 已活化的分子筛，放入已干燥并准确称重的瓷坩埚内，放在干燥器中。干燥器下层放入一装有少量无水乙醇的小烧杯。静置数小时以后再称重，根据增重求出吸附乙醇的质量分数。

3. 4A 分子筛对罗丹明 B（或甲基蓝、亚甲基蓝、甲基橙等）的吸附

实验方法及步骤如下：

取在 100℃，原料配比为 1∶1，pH=9，晶化时间为 5h 的条件下通过水热法合成 4A 分子筛。

配制浓度为 0.01～0.04g/L 的罗丹明 B 溶液 50mL，在 15～30℃下调节 pH 值为 8～11，加入 0.01g 分子筛，在磁力搅拌下每隔一定时间取样并稀释 10 倍后，用分光光度计测量吸光度（罗丹明 B 最大吸收波长为 554nm），测定吸附前后的罗丹明 B 溶液浓度，测算其吸附率。

吸附率采用以 554nm 最大吸收波长处吸光度计算反应前后浓度变化，计算公式为：

$$D=\frac{A_0-A}{A_0}\times 100\%$$

式中，A_0 和 A 为反应前后溶液的吸光度值。分子筛对染料的吸附量由下式计算：

$$Q=\frac{\Delta cV}{m}$$

式中，Δc 为初始浓度与平衡浓度之差；V 为溶液体积，mL；m 为分子筛的质量，g。

（1）考察温度对 4A 分子筛吸附罗丹明 B 的影响。

（2）考察 pH 对 4A 分子筛吸附罗丹明 B 的影响。

（3）4A 分子筛对不同浓度罗丹明 B 吸附的测试。

具体步骤自行设计。

【结果与讨论】

1. 比较合成的三种分子筛的产量、比表面积、平均孔径和微孔体积（表 16-5）。

表 16-5　不同分子筛的产量、比表面积、平均孔径和微孔体积

分子筛	产量/g	比表面积/(m^2/g)	微孔体积/(cm^3/g)	平均孔径/nm
NaA				
NaY				
ZSM-5				
4A				

2. 讨论合成条件对分子筛性能的影响。

3. 参照文献，结合自己的实验数据，分析不同条件下分子筛对染料的吸附性能，分析

原因及影响因素。

4. 提出自己的见解或创新点。

【思考题】

1. 进行等温吸附线测试前，为何要对样品抽真空及加热处理？将样品管从预处理口转移至测试口时，应注意些什么？

2. 比较 NaA、NaY 、ZSM-5 和 4A 沸石分子筛等温吸附线形状的差异，确定其为第几类等温吸附线，并简要分析比表面积和微孔体积大小与等温吸附线之间的关联。

3. 比较 NaA、NaY 、ZSM-5 和 4A 沸石分子筛晶体主窗口的理论直径和实测平均孔径的大小顺序，并试说明二者的区别。

【参考文献】

[1] 王尊本．综合化学实验［M］．北京：科学出版社，2005.
[2] 徐如人，庞文琴，屠昆岗．沸石分子筛的结构与合成［M］．吉林：吉林大学出版社，1987.
[3] Gregg S J，Sing K S W. 吸附、比表面与孔隙率［M］．高敬宗等译．北京：化学工业出版社，1989.

实验 52　荧光磁性双功能纳米微球的制备及其载药性研究

【实验目的】

1. 了解荧光磁性高分子微球的结构与性质。
2. 掌握光化学方法，利用光化学方法制备荧光磁性高分子微球。
3. 用阿酶素考察微球的载药性。

【背景介绍】

荧光磁性高分子微球是稀土离子与磁性高分子微球表面的有机高分子配位基团键合形成的具有一定磁性及特殊结构的微球。它可以复合抗体、抗原或免疫球蛋白，在体内与欲分离的目标物相结合，在磁场的作用下进行免疫磁分离，但本身不具备标记的功能，标记和分离是现代生物医学工程领域中的重要工作，如果标记和分离的工作能一步完成，必将极大地推动生物科学技术的发展。

荧光磁性高分子微球兼具荧光可示踪性、磁响应性和表面功能性等特点，在生物医学和生物工程领域拥有广泛的应用前景，如细胞分离和检测、固定化酶、磁共振成像、靶向药物等，因此得到广泛研究。理想的荧光磁性高分子微球要求能产生较强的荧光、具有较高的饱和磁化强度、微球尺寸、粒径分布窄、化学稳定性好、表面含有丰富的功能基团，且制备工艺简单、价格便宜。

把稀土小分子配合物掺杂到磁性高分子体系，既可提高自身的稳定性也可改善稀土的荧光性能。这种方法工艺简单，得到的材料有良好的发光性能，因此得到广泛应用。

【实验原理】

稀土配合物的发光有两种途径：一是来自于受中心离子微扰的激发配体发光；二是来自于受配体微扰的激发中心离子发光，即由激发配体通过无辐射分子内能量传递，将受激能量传给中心离子，接着发射而发出荧光。

(1) 当中心离子的 f 能级处于低能量处，配体能有效地把最低激发三重态能量通过无辐射跃迁转移给稀土离子的 f 能级，发生分子内能量传递，从而敏化稀土离子发光。分子内能量传递作用弥补了稀土离子在紫外/可见光区吸收系数很小的缺陷，提高了稀土离子的发光强度，这种配体敏化中心离子的发光效应称为天线效应（anterma 效应），即光吸收-能量转移。

(2) 当中心离子不具有 f 能级，或者是当 f 能级能量高于配体的最低三重态能级（TI）时，配体无法将吸收的能量有效地传递给中心离子，则观察到受中心离子微扰的配体发射的荧光，稀土离子所发射的特征荧光很弱；即稀土离子敏化配体发光。

【仪器与试剂】

试剂：$FeCl_3 \cdot 6H_2O$，$FeCl_2 \cdot 4H_2O$，$NH_3 \cdot H_2O$，羟乙基甲基丙烯酸酯（HEMA）化学纯，*N*，*N'*-亚甲基双丙烯酰胺（MBA）化学纯，阿霉素，高纯 N_2 等。

仪器：光化学制备反应仪器（含铁架台、电动搅拌器、特制石英瓶、$d=9.5$cm 的凸透镜、500W 氙灯、汞氙灯控制电源等），超声分散仪，振动样品磁强计，荧光分光光度计，100μL 及 1000μL 微量进样器，高级水浴恒温槽等。

【实验步骤】

1. Fe_3O_4磁性粒子的制备

Fe_3O_4纳米粒子采用改进的化学共沉法制备，其反应如下：

$$Fe^{2+} + 2Fe^{3+} + 8OH^- \longrightarrow Fe_3O_4 + 4H_2O$$

分别称取4.05g $FeCl_3 \cdot 6H_2O$和2.1868g $FeCl_2 \cdot 4H_2O$，分别用25mL双蒸水溶解，稀释至140mL；在水浴50℃、机械搅拌300r/min，并通N_2，10min后用注射器逐滴加入$NH_3 \cdot H_2O$，并升温至60℃；30min后，将溶液取出，自然冷却后，磁性分离；用高纯水洗涤三次，定容后测定其固含量。

2. 光化学反应制备Fe_3O_4@PHEMA

在石英烧瓶中加入50mL双蒸水，在搅拌速度为300r/min的条件下通入氮气；用移液枪取0.01g/mL的MBA 1.0mL和HEMA 1.57mL加入烧瓶中，调节转速为700r/min，搅拌30min；再取新制Fe_3O_4磁流体833μL，同时打开氙灯光照，调速700r/min；5h后取出样品，静置30min，晶化磁铁分离。高纯水洗涤多次，磁性分离备用。摩尔比MBA∶HEMA=1∶200，Fe_3O_4∶HEMA=1∶200。

3. Fe_3O_4@PHEMA-Dy的制备

制备$DyCl_3$溶液：称取0.1865g Dy_2O_3加入试管中，向试管内滴加2滴盐酸，在酒精灯上微热，定容至100mL。取50mL $DyCl_3$溶液与磁性PHEMA微球于圆底三颈烧瓶中混合反应，水浴温度60℃，调转速为500r/min，搅拌12h，磁性分离，用高纯水洗涤，分离备用。

4. Fe_3O_4@PHEMA-Dy的表征

(1) Fe_3O_4磁性颗粒的大小和形貌　把Fe_3O_4磁性颗粒分散在2%的十二烷基苯磺酸钠水溶液中悬浮为均匀的微乳液。将微球悬浮液滴在载玻片上，用XSP-5CE电脑型生物显微镜观测颗粒的大小和形貌。

(2) Fe_3O_4磁性颗粒的磁性能　用振动样品磁强计（VSM）检测微球的磁性。

(3) Fe_3O_4@PHEMA-Dy磁性颗粒的大小和形貌　用扫描电子显微镜观察荧光微球的表面形貌，主要观测稀土Dy^{3+}配合物粒子的微米级分散结构。

(4) Fe_3O_4@PHEMA-Dy磁性颗粒的红外光谱　用FTIR-NEXUSTM傅里叶变换红外光谱仪测定荧光磁性微球表面官能团，KBr压片。

(5) Fe_3O_4@PHEMA-Dy磁性颗粒的荧光性能　用荧光分光光度计测定Fe_3O_4@PHEMA-Dy的激发光谱和发射光谱。在测量激发光谱时固定发射波长λ=525nm，测量发射光谱时选择最佳激发波长λ_{max}=250nm。

5. 荧光磁性微球的载药性研究

(1) 磁性阿霉素人血白蛋白微球的制备　取含0.036g荧光磁性微球的透明溶胶与10mg纯化阿霉素混合均匀后，在25℃温度下进行超声乳化，预热至125℃温度，并且维持恒温30min，随后用冰块急冷至25℃，在11000r/min的转速下进行离心并用无水乙醚洗涤多次，在自然状态下，蒸发干燥后在4℃下保存。

(2) 标准曲线的绘制　利用荧光分光光度计，其中激发波长和荧光波长分别为484nm和591nm。精密称取阿霉素10mg置于250mL容量瓶中，用生理盐水定容得0.04mg/mL的标准液。准确移取5、4、3、2、1.5、1、0.75、0.5和0.25(mL)标准液，分别移入10mL容量瓶中，加生理盐水进行定容。以生理盐水为空白标准试样在波长为484nm处测定其荧光值，根据以上实验得到荧光值，进行曲线拟合，得到阿霉素浓度值与荧光光谱值标准曲线及线性回归方程。

(3) 磁性微球的载药量测定

① 载药量的测定 取磁性阿霉素微球 20mg，加生理盐水超声洗涤，11000r/min 离心取上层溶液测定荧光值；沉淀加入 0.5mol 的醋酸胃蛋白酶 15mL，超声分散 10min 后 37℃±1℃下消解 2h，生理盐水稀释定容，11000r/min 下离心 10min，取上层溶液测定其荧光值。

② 载药量测试结果 将磁性阿霉素微球经生理盐水洗涤离心后的上层溶液作为试样 1。沉淀经醋酸胃蛋白酶超声、消解、定容、离心后的上层溶液作为试样 2。将试样 1 和试样 2 经荧光分光光度计测得其荧光值，代入阿霉素浓度值与荧光光谱值标准曲线及线性回归方程，计算其浓度值，计算出其有效载药量。

【结果与讨论】

1. 参照文献，结合自己的实验数据，分析 Fe_3O_4@PHEMA-Dy 的有效载药量。

2. 提出自己的见解或创新点（如：工艺简单，价格便宜，在磁靶向药物，细胞分离和检测 ，磁共振成像具有应用前景）。

【参考文献】

孟繁宗，焦志峰，翟玉春．荧光磁性微球 Fe_3O_4@PHEMA-Eu 的制备、表征及其载药性研究 [J]．稀土，2010，31 (1)：1-6.

实验 53 溶胶-凝胶法合成 $ZnFe_2O_4$ 及其光催化性能研究

【实验目的】

1. 了解半导体的光催化特性。

2. 了解复合氧化物铁酸锌的常用制备方法及优缺点。

3. 掌握实验方法，自行设计实验制备铁酸锌样品，对不同实验条件得到的产物进行表征。

4. 用所制得的样品对甲基蓝溶液进行光催化降解实验，分别考察催化剂的煅烧温度、催化剂的投加量、染料浓度等因素对光催化降解反应的影响。

【背景介绍】

在能源和环境问题日益突出的今天，光催化已发展成为一门新兴的备受关注的前沿学科。许多半导体材料具有光催化作用，可被用于污染控制（包括含有机污染物的废气和废水的处理）、绿色能源开发、自洁净玻璃和陶瓷以及抗菌除臭等许多领域。近 20 年来，光催化剂 TiO_2 由于廉价、无毒等特点被广泛应用在光催化降解有机物方面。但存在可见光利用率低、不易回收、制备条件苛刻、成本高等缺点。

铁酸锌是传统的软磁材料，近几年，铁酸锌纳米颗粒因为具有比块体材料更为优越的性能又受到广泛的重视。例如，铁酸锌纳米颗粒比块体材料具有更高的催化效率；当颗粒的粒径小于 10nm 时，铁酸锌纳米颗粒表现出比较高的磁化强度；铁酸锌纳米颗粒还可以作为高温脱硫产生气体的良好吸附剂。许多方法可用于铁酸锌纳米颗粒的制备，如水热法、溶胶-凝胶法 、共沉淀法、微乳液法以及喷雾热解法。其中，溶胶-凝胶法具有许多优点：在较低温度下获得纯度较高的产品，对于复合氧化物可以获得化学均一的溶胶，可对产品的微结构进行控制，最重要的是，产品形貌可控，可以得到粉体、薄膜和粉体。

【实验原理】

1. 光催化原理

对半导体光催化过程较普遍的认识是半导体能带结构常是由一个充满电子的低能价带和一个空的高能导带构成，它们之间的区域称为禁带。半导体的禁带宽度一般为数个 eV（0.2～3.5），是一个不连续的区域。半导体的光催化特性就是由它的特殊能带结构所决定的。当用光子能量大于或等于禁带宽度的光照射半导体材料时，处于价带的电子就会被激发，越过禁带而进入导带，同时在价带上形成相应的空穴（h^*），从而在半导体表面产生了具有高度活性的电子-空穴对。

半导体光催化氧化主要依赖于高度活性的空穴，因为在光催化的过程中，空穴具有极强的获取电子的能力，能将水中的 OH^- 和 H_2O 分子氧化成具有强氧化性的 OH•，活泼的羟基自由基能将许多难降解的有机物氧化成为 CO_2 和 H_2O 等无机物。同时，其本身也可将吸附在半导体表面的有机物直接氧化分解。向半导体水系中曝氧，可加快有机物的降解速度，因为当溶液中存在 O_2 时，光生电子会与 O_2 作用生成 O_2^-•，并进而与 H^+ 作用生成 H_2O•，最终生成 OH•，氧化降解有机物。由于光生空穴和电子极易发生复合，电子与空穴的复合概率越小，光催化活性越高，故抑制电子-空穴对的复合是提高半导体光催化活性的一个重要的方面。

2. 合成原理（参考）

（1）溶胶-凝胶法原理。

（2）硫酸铁和乙酸锌为原料合成 $ZnFe_2O_4$ 溶胶，所得溶胶再煅烧后得 $ZnFe_2O_4$ 样品。

【仪器与试剂】

试剂：硫酸铁、乙酸锌、柠檬酸、甲基蓝、亚甲基蓝、甲基橙等

仪器：水浴锅、高温电阻炉、光化学反应仪、离心机、紫外可见分光光度计、电热真空干燥箱、烧杯等玻璃仪器。

【实验过程】

1. $ZnFe_2O_4$ 的制备

（1）称取 10.1818g 硫酸铁置于 200mL 烧杯中，然后加入 100mL 去离子水溶解，得到澄清的黄色溶液。

（2）称取 5.3900g 乙酸锌，置于 150mL 烧杯中，加入 50mL 去离子水溶解，得无色透明溶液。

（3）称取 12.6084g 柠檬酸，置于 150mL 烧杯中，加 60mL 去离子水溶解，得无色透明溶液。

（4）分别向制得的硫酸铁溶液和乙酸锌溶液中加入 40mL 和 20mL 柠檬酸溶液，用保鲜膜封好烧杯后静置 30min，然后缓慢地将两溶液混合，放入 70℃水浴加热 2 天，得到深红色可纺性溶液。

（5）取一定量 $ZnFe_2O_4$ 溶胶置于坩埚中，分别在 SX_2 型箱式电阻炉内煅烧。首先，以 2℃/min 的升温速度从室温升到 120℃，恒温 20min；然后，将温度升高到 400℃，升温速度为 1℃/min，并在 400℃恒温 2h；最后，将温度进一步提高到 700℃，800℃或 1000℃，升温速度为 10℃/min，并在目标温度恒温 2 h，所得样品待测。

2. 表征手段

（1）把所得的粉末在 700℃、800℃、1000℃下煅烧的白色粉末分别进行研磨、压片，然后测定其红外吸收光谱。

（2）采用 DTG-60 型热分析仪对样品进行热重分析，温度范围为 30～800℃，加热速度为 20℃/min，所得结果用于确定所得粉体的热稳定性。

3. 光催化实验

光催化降解实验在配有 300W 紫外灯（波长为 253.7nm，光强为 0.750mW/cm^2）的光化学反应器中进行。

（1）不同煅烧温度对 $ZnFe_2O_4$ 催化性能的影响　称取 700℃、800℃、1000℃下煅烧的 $ZnFe_2O_4$ 粉末各 12mg 分别加入到 40mg /L 的 200mL 甲基蓝溶液中，搅拌 15min，使之分散均匀，取样定为 0min 样品。打开 300W 紫外光灯，使液面距离灯的距离为 10cm，每隔 15min 取一次样，直至 90min，离心后取上层清液，用紫外可见分光光度计测定其吸光度，经过计算可得甲基蓝的脱色率。按下列公式进行脱色率（D）的计算：

$$D=\frac{A_0-A_t}{A_0}\times 100\%$$

式中　D——脱色率；

A_0——甲基蓝溶液的初始吸光度；

A_t——甲基蓝溶液在 t 时间时的吸光度。

（2）$ZnFe_2O_4$投加量对脱色率的影响　配制三份浓度为 40mg/L 的甲基蓝溶液 200mL，分别加入 6mg、12mg、18mg 经 800℃煅烧的 $ZnFe_2O_4$催化剂，按（1）中的方法进行吸光度的测定，并计算出甲基蓝溶液的脱色率。

（3）$ZnFe_2O_4$对不同浓度甲基蓝的光催化降解　配制浓度为 50mg/L、100mg/L、150mg/L 的甲基蓝溶液 600mL，分别加入 150mg 经 800℃煅烧的 $ZnFe_2O_4$催化剂，按（1）中的方法进行吸光度的测定，并计算出甲基蓝溶液的脱色率。

（4）光催化分析扩展　将甲基蓝换成甲基橙、亚甲基蓝、罗丹明、二甲酚橙等，采用与光催化实验相同的步骤，分析 $ZnFe_2O_4$对其他物质的光催化性能。

【结果与讨论】

1. 红外光谱分析

分析凝胶粉体和在 700℃、800℃ 和 1000℃煅烧 2 h 所得 $ZnFe_2O_4$的红外光谱。

2. 热重分析

分析凝胶粉体和在 700℃、800℃ 和 1000℃煅烧 2 h 所得 $ZnFe_2O_4$的热重曲线图。

3. 反应条件分析

分析 $ZnFe_2O_4$的催化性能，讨论温度、浓度等对光催化的影响。

【预习思考题】

以硫酸铁和乙酸锌为原料，柠檬酸为金属离子稳定剂，采用溶胶-凝胶法制备铁酸锌的条件是什么？

【参考文献】

［1］ 叶琳，段月琴，袁志好．共沉淀法制备的铁酸锌纳米材料的晶化与晶粒生长行为［J］．天津理工大学学报，2007，23（6）：36-38.

［2］ 张文丽，侯桂芹，李中秋．溶胶-凝胶法制备 $ZnFe_2O_4$纳米薄膜及其光电催化性能研究［J］．化工新型材料，2006，34（5）：25-27.

实验54　Fe_3O_4/Au纳米复合微粒的制备

【实验目的】

了解复合型金磁微粒特点与制备方法。

【背景介绍】

结合磁性氧化物粒子和胶体金特点的复合微粒称为金磁微粒（goldmag particles），此种复合材料兼有在外磁场中可分离性以及生物分子快速固定化等特点，有关纳米及微米级金磁微粒的合成与应用研究已成为科学家关注的热点。

根据结构及组成的不同，金磁微粒可分为核壳型和组装型（也称吸附型）两种：在磁性粒子表面将Au^{3+}还原为Au，可得到核壳结构的金磁微粒；先将磁性粒子进行有机试剂的修饰，通过Au-S，Au-N等原子之间的相互作用将纳米金粒子吸附在磁性颗粒表面可形成组装结构的金磁微粒。

金磁微粒除具有磁性纳米微粒用于磁分离的特性外，同时其外包覆的金层具有金纳米微粒具有的生物快速固定化特点，在固定化酶、免疫测定、生物分离、分类、DNA的分离等诸多领域有着广泛的应用前景。

【仪器与试剂】

试剂：$FeCl_3·6H_2O$，$FeCl_2·4H_2O$，氯金酸（$AuCl_3·HCl·4H_2O$），3-氨丙基三乙氧基硅烷（APTES），柠檬酸三钠，羟胺盐酸胺（$CH_3CH_2ONH_2·HCl$），NaOH，均为分析纯。

仪器：超级恒温器、真空干燥箱、恒温水浴锅、电动搅拌器、超声波清洗器、干燥箱、摇床、光子相关光谱仪、磁振动样品计等。

【实验步骤】

1. 纳米磁性四氧化三铁的制备

（1）安装实验装置，恒温水槽调至30℃，往三口烧瓶中通入氮气。

（2）称取3.24g $FeCl_3·6H_2O$超声溶解于15mL水中，倒入三口烧瓶。

（3）称取1.59g $FeCl_2·4H_2O$溶解于10mL水中，倒入烧瓶与以上溶液混合。

（4）量取100mL高纯水倒入三口烧瓶，开启搅拌装置，在300r/min条件下搅拌5min。

（5）三口烧瓶中加入现配制的1mol/L的NaOH溶液60mL，控制其加入时间为30s左右。保持300r/min下搅拌20min。

（6）20min后升温至70℃，搅拌速度调为1000r/min，保持1h。

（7）1h后，将溶液冷却，磁分离，用高纯水洗涤三次，再加适量高纯水保存于试剂瓶中备用。

2. 表面氨基化磁性Fe_3O_4纳米粒子合成

（1）取5mL Fe_3O_4磁流体置于烧杯中，加入15mL无水乙醇和10mL高纯水。

（2）加入100μL3-氨丙基三乙氧基硅烷（APTES）溶液。

（3）调节恒温槽温度为50℃，调节转速为300r/min，反应10h。

（4）反应结束后，用高纯水和无水乙醇反复清洗，去除油状物。

（5）加适量的水保存至试剂瓶中备用。

3. 金溶胶的制备

取 0.01%氯金酸溶液 100mL 加热至沸腾，搅动下准确加入 1% 的柠檬酸三钠溶液 0.7mL，金黄色的溶液在 2min 内变成紫红色，继续反应 15min，冷却后以双蒸水恢复到原体积。

4. Fe_3O_4/Au^0 的制备

将 20g 制备的表面氨基化磁性 Fe_3O_4 溶于 10mL 双蒸水中，加入 100μL（稀释至 1mL）胶体金溶液室温摇床反应 2h。磁性分离，洗涤 2～3 次，定容于 10mL 高纯水中。

5. Fe_3O_4/Au 的制备

采用一步法：取 4mg 上步合成的 Fe_3O_4/Au^0（约 2mL）稀释至 10mL。加入 100μL 0.1% 的 $AuCl_3 \cdot HCl \cdot 4H_2O$，加入新鲜配制的 200μL 10^{-3} mol/L 羟胺盐酸胺。混合均匀，反应 2h，磁性分离，清洗，保存于 4mL 水中。

【结果与讨论】

（1）观察 Fe_3O_4/Au 的形态、外观以及在外加磁场下的运动。

（2）测定样品的磁性。

（3）测定样品的粒径。

（4）测定样品 1～30 天的磁稳定性。

【参考文献】

[1] 崔亚丽，张连营，苏蜻．组装型金磁微粒的制备及其在免疫学检测中的应用 [J]．中国科学 B 辑，化学，2006，36 (2)：159-165.

[2] 崔亚丽，惠文丽，汪慧蓉等．Fe_3O_4/Au 复合微粒制备条件及性质研究 [J]．中国科学，B 辑，2003，33 (6)：482-488.

附录1　有机溶剂的毒性

1. 有机溶剂之毒性

人若长时间吸入有机溶剂之蒸气将会引起慢性中毒的现象，但短时间暴露在高浓度有机溶剂蒸气之下，也会有急性中毒致命的危险。在工业卫生上，有机溶剂对人体之危害与溶剂的挥发性具有密切的关系。在常温下，低挥发性溶剂在空气中不易造成危险。其他对人体危害有关系者尚有溶剂之脂溶性、反应性、含杂质情形、人体吸收之方式及途径、人体之代谢速度、累积情形、个体感受及敏感性、暴露时间之长短等。

2. 对人体危害之途径

（1）经由皮肤接触引起之危害　有机溶剂蒸气会刺激眼睛黏膜而使人流泪；与皮肤接触会溶解皮肤油脂而渗入组织，干扰生理机能、脱水；且因皮肤干裂而感染污物及细菌。表皮肤角质溶解引起表皮角质化，刺激表皮引起红肿及气泡部分。溶剂渗入人体内破坏血球及骨髓等。

（2）经由呼吸器官引起之危害　有机溶剂蒸气经由呼吸器官吸入人体后，人往往会产生麻醉作用。蒸气吸入后大部分经气管而达肺部，然后经血液或淋巴液传送至其他器官，造成不同程度之中毒现象。因人体肺泡面积为体表面积数十倍以上，且血液循环扩散速度甚快，常会对呼吸道、神经系统、肺、肾、血液及造血系统产生重大毒害，固有机溶剂经由呼吸器官引起之中毒现象，最受人重视。

（3）经由消化器官引起之危害　有机溶剂经由消化器官主要引起之原因，为在污染溶剂蒸气场所进食、抽烟或手指沾口等，其引起之危害，首先受害为口腔，进入食道及胃肠，引起恶心、呕吐现象，然后再由消化系统，危害到其他器官。

3. 对人体危害之生理作用

有机溶剂中毒之一般症状为头痛、疲怠、食欲不振、头昏等。高浓度之急性中毒抑制中枢神经系统，使人丧失意识，而产生麻醉现象，初期引起兴奋、昏睡、头痛、目眩、疲怠感、食欲不振、意识消失等；低浓度蒸气引起之慢性中毒则影响血小板、红细胞等造血系统，鼻孔、齿龈及皮下组织出血，造成人体贫血现象。一般有机溶剂对人体危害生理之影响有下列几种：

（1）对神经系统破坏　因抑制神经系统的传导冲动功能，产生麻醉，神经系统障碍或引起神经炎等。如二硫化碳引起的神经炎；甲醇中毒影响视神经等。此类溶剂尚有酒精、苯、氯化乙醇、二氯乙烷、汽油、甲酸戊酯、乙酸戊酯、二甲苯、三氯乙烯、丁醇、松节油、煤油、丙酮、酚、三氯甲烷、异丙苯等。

（2）对肝脏机能损伤　因损伤肝脏机能，引起恶心、呕吐、发烧、黄疸炎及中毒性肝炎；一般氯化烃类均会引起肝脏中毒现象。此类溶剂有四氯化碳、氯仿、三氯乙烯、四氯乙烷、苯及其衍生物等。

（3）对肾脏机能破坏　肾脏为毒物排泄器官，故最易中毒，且因血氧量减小，亦足以使肾脏受害，发生肾炎及肾病。此类溶剂包括烃类之卤化物、苯及其衍生物、二元醇及其单醚类、四氯化碳、乙醇等。

（4）对造血系统破坏　因破坏骨髓造成贫血现象。此类溶剂包括苯及其衍生物如甲苯、氯化苯、二元醇等。

（5）对黏膜及皮肤刺激　因刺激黏膜，使鼻黏膜出血，喉头发炎，嗅觉丧失或因皮肤敏感产生红肿、发痒、红斑及坏疽病等。此类溶剂包括氯仿、三氯甲烷、醚、苯、乙酸甲酯、煤油、丙酮、甲醇、石油、氯酚、二氯乙烯、四氯化碳等。

附录 2　有机类实验废液的处理方法

1. 注意事项

(1) 尽量回收溶剂，在对实验没有妨碍的情况下，反复使用。

(2) 为了方便处理，其收集分类往往分为：可燃性物质；难燃性物质；含水废液；固体物质等。

(3) 可溶于水的物质，容易成为水溶液流失。因此，回收时要加以注意。但是，对甲醇、乙醇及乙酸之类溶剂，能被细菌作用而易于分解。故对这类溶剂的稀溶液，经用大量水稀释后，即可排放。

(4) 含重金属等的废液，将其有机质分解后，做无机类废液进行处理。

2. 处理方法

(1) 焚烧法

① 将可燃性物质的废液，置于燃烧炉中燃烧。如果数量很少，可把它装入铁制或瓷制容器，选择室外安全的地方燃烧。点火时，取一长棒，在其一端扎上沾有油类的破布，或用木片等东西，站在上风方向进行点火燃烧，且必须监视至烧完为止。

② 对难以燃烧的物质，可把它与可燃性物质混合燃烧，或者把它喷入配备有助燃器的焚烧炉中燃烧。对多氯联苯之类难以燃烧的物质，往往会排出一部分还未焚烧的物质，要加以注意。对含水的高浓度有机类废液，此法亦能进行焚烧。

③ 对由于燃烧而产生 NO_2、SO_2 或 HCl 之类有害气体的废液，必须用配备有洗涤器的焚烧炉燃烧。此时，必须用碱液洗涤燃烧废气，除去其中的有害气体。

④ 对固体物质，亦可将其溶解于可燃性溶剂中，然后使之燃烧。

(2) 溶剂萃取法

① 对含水的低浓度废液，用与水不相混合的正己烷之类挥发性溶剂进行萃取，分离出溶剂层后，进行焚烧。再用吹入空气的方法，将水层中的溶剂吹出。

② 对形成乳浊液之类的废液，不能用此法处理，要用焚烧法处理。

(3) 吸附法

用活性炭、硅藻土、矾土、层片状织物、聚丙烯、聚酯片、氨基甲酸乙酯泡沫塑料、稻草屑及锯末之类能良好吸附溶剂的物质，使其充分吸附后，与吸附剂一起焚烧。

(4) 氧化分解法（参照含重金属有机类废液的处理方法）

在含水的低浓度有机类废液中，对其易氧化分解的废液，用 H_2O_2、$KMnO_4$、NaOCl、$H_2SO_4+HNO_3$、HNO_3+HClO_4、$H_2SO_4+HClO_4$ 及废铬酸混合液等物质，将其氧化分解。然后，按上述无机类实验废液的处理方法加以处理。

(5) 水解法

对有机酸或无机酸的酯类，以及一部分有机磷化合物等容易发生水解的物质，可加入 NaOH 或 $Ca(OH)_2$，在室温或加热下进行水解。水解后，若废液无毒害时，把它中和、稀释后，即可排放。如果含有有害物质时，用吸附等适当的方法加以处理。

(6) 生物化学处理法

用活性污泥之类东西并吹入空气进行处理。例如，对含有乙醇、乙酸、动植物性油脂、蛋白质及淀粉等的稀溶液，可用此法进行处理。

① 含一般有机溶剂的废液 一般有机溶剂是指醇类、酯类、有机酸、酮及醚等由C、H、O元素构成的物质。对此类物质的废液中的可燃性物质，用焚烧法处理。对难以燃烧的物质及可燃性物质的低浓度废液，则用溶剂萃取法、吸附法及氧化分解法处理。再者，废液中含有重金属时，要保管好焚烧残渣。但是，对易被生物分解的物质（即通过微生物的作用而容易分解的物质），其稀溶液经用水稀释后，即可排放。

② 含石油、动植物性油脂的废液 此类废液包括：苯、己烷、二甲苯、甲苯、煤油、轻油、重油、润滑油、切削油、机器油、动植物性油脂及液体和固体脂肪酸等物质的废液。对其可燃性物质，用焚烧法处理。对难以燃烧的物质及低浓度的废液，则用溶剂萃取法或吸附法处理。对含机油之类的废液，含有重金属时，要保管好焚烧残渣。

③ 含N、S及卤素类的有机废液 此类废液包含的物质有：吡啶、喹啉、甲基吡啶、氨基酸、酰胺、二甲基甲酰胺、二硫化碳、硫醇、烷基硫、硫脲、硫酰胺、噻吩、二甲亚砜、氯仿、四氯化碳、氯乙烯类、氯苯类、酰卤化物和含N、S、卤素的染料、农药、颜料及其中间体等。对其可燃性物质，用焚烧法处理。但必须采取措施除去由燃烧而产生的有害气体（如SO_2、HCl、NO_2等）。

对多氯联苯之类物质，因难以燃烧而有一部分直接被排出，要加以注意。对难以燃烧的物质及低浓度的废液，用溶剂萃取法、吸附法及水解法进行处理。但对氨基酸等易被微生物分解的物质，经用水稀释后，即可排放。

④ 含酚类物质的废液 此类废液包含的物质：苯酚、甲酚、萘酚等。

对浓度大的可燃性物质，可用焚烧法处理。而浓度低的废液，则用吸附法、溶剂萃取法或氧化分解法处理。

⑤ 含有酸、碱、氧化剂、还原剂及无机盐类的有机类废液 此类废液包括：含有硫酸、盐酸、硝酸等酸类和氢氧化钠、碳酸钠、氨等碱类，以及过氧化氢、过氧化物等氧化剂与硫化物、联氨等还原剂的有机类废液。

首先，按无机类废液的处理方法，分别加以中和。然后，若有机类物质浓度大时，用焚烧法处理（保管好残渣）。能分离出有机层和水层时，将有机层焚烧，对水层或其浓度低的废液，则用吸附法、溶剂萃取法或氧化分解法进行处理。但是，对易被微生物分解的物质，用水稀释后，即可排放。

⑥ 含有机磷的废液 此类废液包括：含磷酸、亚磷酸、硫代磷酸及膦酸酯类，磷化氢类以及磷系农药等物质的废液。

对浓度高的废液进行焚烧处理（因含难以燃烧的物质多，故可与可燃性物质混合进行焚烧）。对浓度低的废液，经水解或溶剂萃取后，用吸附法进行处理。

⑦ 含有天然及合成高分子化合物的废液 此类废液包括：含有聚乙烯、聚乙烯醇、聚苯乙烯、聚二醇等合成高分子化合物，以及蛋白质、木质素、纤维素、淀粉、橡胶等天然高分子化合物的废液。对含有可燃性物质的废液，用焚烧法处理。而对难以焚烧的物质及含水的低浓度废液，经浓缩后，将其焚烧。但对蛋白质、淀粉等易被微生物分解的物质，其稀溶液可不经处理即可排放。

附录3　剧毒化学品目录（2012版）

一、剧毒化学品的判定界限

1. 剧毒化学品的定义

剧毒化学品是指具有非常剧烈毒性危害的化学品，包括人工合成的化学品及其混合物（含农药）和天然毒素。

2. 剧毒化学品毒性判定界限

大鼠试验，经口 $LD_{50}\leqslant 50mg/kg$，经皮 $LD_{50}\leqslant 200mg/kg$，吸入 $LC_{50}\leqslant 500\mu L/L$（气体）或 2.0mg/L（蒸气）或 0.5mg/L（尘、雾），经皮 LD50 的试验数据，可参考兔试验数据。

二、本目录为2012年版，共收录335种剧毒化学品

本目录将随着我国对化学品危险性鉴别水平和毒性认识的提高，不定期进行修订和公布新的目录。

三、本目录各栏目含义

1. “序号”是指本目录录入剧毒化学品的顺序。

2. “中文名称”和“英文名称”是指剧毒化学品的中文和英文名称。其中：“化学名”是按照化学品命名方法给予的名称；“别名”是指除“化学名”以外的习惯称谓或俗名。

序号	中文名称	
	化学名	别名
1	氰	氰气
2	氰化钠	山奈
3	氰化钾	山奈钾
4	氰化钙	
5	氰化银钾	银氰化钾
6	氰化镉	
7	氰化汞	氰化高汞;二氰化汞
8	氰化金钾	亚金氰化钾
9	氰化碘	碘化氰
10	氰化氢	氢氰酸
11	异氰酸甲酯	甲基异氰酸酯
12	丙酮氰醇	丙酮合氰化氢;2-羟基异丁腈;氰丙醇
13	异氰酸苯酯	苯基异氰酸酯
14	甲苯-2,4-二异氰酸酯	2,4-二异氰酸甲苯酯
15	异硫氰酸烯丙酯	人造芥子油;烯丙基异硫氰酸酯;烯丙基芥子油
16	四乙基铅	发动机燃料抗爆混合物
17	硝酸汞	硝酸高汞
18	氯化汞	氯化高汞;二氯化汞;升汞
19	碘化汞	碘化高汞;二碘化汞
20	溴化汞	溴化高汞;二溴化汞
21	氧化汞	一氧化汞;黄降汞;红降汞;三仙丹
22	硫氰酸汞	硫氰化汞;硫氰酸高汞

续表

序号	中文名称	
	化学名	别名
23	乙酸汞	醋酸汞
24	乙酸甲氧基乙基汞	醋酸甲氧基乙基汞
25	氯化甲氧基乙基汞	
26	二乙基汞	
27	重铬酸钠	红矾钠
28	羰基镍	四羰基镍;四碳酰镍
29	五羰基铁	羰基铁
30	铊	金属铊
31	氧化亚铊	一氧化(二)铊
32	氧化铊	三氧化(二)铊
33	碳酸亚铊	碳酸铊
34	硫酸亚铊	硫酸铊
35	乙酸亚铊	乙酸铊;醋酸铊
36	丙二酸铊	丙二酸亚铊
37	硫酸三乙基锡	
38	二丁基氧化锡	氧化二丁基锡
39	乙酸三乙基锡	三乙基乙酸锡
40	四乙基锡	四乙锡
41	乙酸三甲基锡	醋酸三甲基锡
42	磷化锌	二磷化三锌
43	五氧化二钒	钒(酸)酐
44	五氯化锑	过氯化锑;氯化锑
45	四氧化锇	锇酸酐
46	砷化氢	砷化三氢;胂
47	三氧化(二)砷	白砒;砒霜;亚砷(酸)酐
48	五氧化(二)砷	砷(酸)酐
49	三氯化砷	氯化亚砷
50	亚砷酸钠	偏压砷酸钠
51	亚砷酸钾	偏亚砷酸钾
52	乙酰亚砷酸铜	祖母绿;翡翠绿;巴黎绿;帝绿;苔绿;维也纳绿;草地绿;翠绿
53	砷酸	原砷酸
54	氧氯化磷	氯化磷酰;磷酰氯;三氯氧化磷;三氯化磷酰;三氯氧磷;磷酰三氯
55	三氯化磷	氯化磷;氯化亚磷
56	硫代磷酰氯	硫代氯化磷酰;三氯化硫磷;三氯硫磷
57	亚硒酸钠	亚硒酸二钠
58	亚硒酸氢钠	重亚硒酸钠
59	亚硒酸镁	
60	亚硒酸	
61	硒酸钠	
62	乙硼烷	二硼烷;硼乙烷
63	癸硼烷	十硼烷;十硼氢
64	戊硼烷	五硼烷
65	氟	
66	二氟化氧	一氧化二氟
67	三氟化氯	
68	三氟化硼	氟化硼
69	五氟化氯	

续表

序号	中文名称	
	化学名	别名
70	羰基氟	氟化碳酰;氟氧化碳
71	氟乙酸钠	氟醋酸钠
72	二甲胺氰磷酸乙酯	塔崩
73	*O*-乙基-*S*-[2-(二异丙氨基)乙基]甲基硫代磷酸酯	维埃克斯;VXS
74	二(2-氯乙基)硫醚	二氯二乙硫醚;芥子气;双氯己基硫
75	甲氟膦酸叔己酯	索曼
76	甲基氟膦酸异丙酯	沙林
77	甲烷磺酰氟	甲磺酰氟;甲基磺酰氟
78	八氟异丁烯	全氟异丁烯
79	六氟丙酮	全氟丙酮
80	氯	液氯;氯气
81	碳酰氯	光气
82	氯磺酸	氯化硫酸;氯硫酸
83	全氯甲硫醇	三氯硫氯甲烷;过氯甲硫醇;四氯硫代碳酰
84	甲基磺酰氯	氯化硫酰甲烷;甲烷磺酰氯
85	*O*,*O*′-二甲基硫代磷酰氯	二甲基硫代磷酰氯
86	*O*,*O*′-二乙基硫代磷酰氯	二乙基硫代磷酰氯
87	双(2-氯乙基)甲胺	氮芥;双(氯乙基)甲胺
88	2-氯乙烯基二氯胂	路易氏剂
89	苯胂化二氯	二氯苯胂
90	二苯(基)胺氯胂	吩吡嗪化氯;亚当氏气
91	三氯三乙胺	氮芥气;氮芥-A
92	六氯环戊二烯	全氯环戊二烯
93	六氟-2,3-二氯-2-丁烯	2,3-二氯六氟-2-丁烯
94	二氯化苄	二氯甲(基)苯;亚苄基二氯;α,α-二氯甲(基)苯
95	四氧化二氮	二氧化氮;过氧化氮
96	叠氮(化)钠	三氮化钠
97	马钱子碱	二甲氧基士的宁;白路新
98	番木鳖碱	二甲氧基马钱子碱;士的宁;士宁宁
99	原藜芦碱 A	
100	乌头碱	附子精
101	(盐酸)吐根碱	(盐酸)依米丁
102	藜芦碱	赛丸丁;绿藜芦生物碱
103	α-氯化筒箭毒碱	氯化南美防己碱;氢氧化吐巴寇拉令碱;氯化箭毒块茎碱;氯化管箭毒碱
104	3-(1-甲基-2-四氢吡咯基)吡啶	烟碱;尼古丁;1-甲基-2-(3-吡啶基)吡咯烷
105	4,9-环氧[3-(2-羟基-2-甲基丁酸酯)-15-(S)2-甲基丁酸酯]	计明胺;胚芽儿碱;计末林碱;杰莫灵
106	(2-氨基甲酰氧乙基)三甲基氯化铵	氯化氨甲酰胆碱;卡巴考
107	甲基肼	甲基联胺
108	1,1-二甲基肼	二甲基肼[不对称]
109	1,2-二甲基肼	对称二甲基肼;1,2-亚肼基甲烷
110	无水肼	无水联胺
111	丙腈	乙基腈
112	丁腈	丙基腈;2-甲基丙腈
113	异丁腈	异丙基腈
114	2-丙烯腈	乙烯基腈;丙烯腈
115	甲基丙烯腈	异丁烯腈

续表

序号	中文名称	
	化学名	别名
116	N,N-二甲基氨基乙腈	2-(二甲氨基)乙腈
117	3-氯丙腈	β-氯丙腈；氰化-β-氯乙烷
118	2-羟基丙腈	乳腈
119	羟基乙腈	乙醇腈
120	亚乙基亚胺	氮丙环；吖丙啶
121	N-二乙氨基乙基氯	2-氯乙基二乙胺
122	甲基苄基亚硝胺	N-甲基-N-亚磷基苯甲胺
123	亚丙基亚胺	2-甲基氮丙啶；2-甲基亚乙基亚胺
124	乙酰替硫脲	1-乙酰硫脲
125	N-乙烯基亚乙基亚胺	N-乙烯基氮丙环
126	六亚甲基亚胺	高哌啶
127	3-氨基丙烯	烯丙胺
128	N-亚硝基二甲胺	二甲基亚硝胺
129	碘甲烷	甲基碘
130	亚硝酸乙酯	亚硝酰乙氧
131	四硝基甲烷	
132	三氯硝基甲烷	氯化苦；硝基三氯甲烷
133	2,4-二硝基(苯)酚	二硝酚；1-羟基-2,4-二硝基苯
134	4,6-二硝基邻甲基苯酚钠	二硝基邻甲酚钠
135	4,7-二硝基邻甲苯酚	2,5-二硝基邻甲苯酚
136	1-氟-2,4-二硝基苯	2,4-二硝基-1-氟苯
137	1-氯-2,4-二硝基苯	2,4-二硝基氯苯；4-氯-1,3-二硝基苯；1,3-二硝基-4-氯苯
138	丙烯醛	烯丙醛；败脂醛
139	2-丁烯醛	巴豆醛；β-甲基丙烯醛
140	一氯乙醛	氯乙醛；2-氯乙醛
141	二氯甲酰基丙烯酸	二氯代丁烯醛酸；糖氯酸
142	2-丙烯-1-醇	烯丙醇；蒜醇；乙烯甲醇
143	2-巯基乙醇	硫代乙二醇；2-羟基-1-乙硫醇
144	2-氯乙醇	亚乙基氯醇；氯乙醇
145	4-己烯-1-炔-3-醇	
146	3,4-二羟基-α-[(甲氨基)甲基]苄醇	肾上腺素；付肾碱；付肾素
147	3-氯-1,2-丙二醇	α-氯代丙二醇；3-氯-1,2-二羟基丙烷；α-氯甘油；3-氯代丙二醇
148	丙炔醇	2-丙炔-1-醇；炔丙醇
149	苯(基)硫醇	苯硫酚；巯基苯；硫代苯酚
150	2,5-双(1-吖丙啶基)-3-(2-氨甲酰氧-1-甲氧乙基)-6-甲基-1,4-苯醌	卡巴醌；卡波醌
151	氯甲基甲醚	甲基氯甲醚；氯二甲醚
152	二氯(二)甲醚	对称二氯二甲醚
153	3-丁烯-2-酮	甲基乙烯基(甲)酮；丁烯酮
154	一氯丙酮	氯丙酮；氯化丙酮
155	1,3-二氯丙酮	1,3-二氯-2-丙酮
156	2-氯乙酰苯	苯基氯甲基甲酮；氯苯乙酮；苯酰甲基氯；α-氯苯乙酮
157	1-羟环丁-1-烯-3,4-二酮	半方形酸
158	1,1,3,3-四氯丙酮	1,1,3,3-四氯-2-丙酮
159	2-环己烯-1-酮	2-环己烯酮
160	二氧化丁二烯	双环氧乙烷

续表

序号	中文名称	
	化学名	别名
161	氟乙酸	氟醋酸
162	氯乙酸	一氯醋酸
163	氯甲酸甲酯	氯碳酸甲酯
164	氯甲酸乙酯	氯碳酸乙酯
165	氯甲酸氯甲酯	
166	*N*-(苯乙基-4-哌啶基)丙酰胺柠檬酸盐	枸橼酸芬太尼
167	碘乙酸乙酯	
168	3,4-二甲基吡啶	3,4-二甲基氮杂苯
169		
170	4-氨基吡啶	对氨基吡啶；4-氨基氮杂苯；对氨基氮苯；γ-吡啶胺
171	2-吡咯酮	
172	2,3,7,8-四氯二苯并对二噁英	二噁英
173	羟甲唑啉(盐酸盐)	
174	5-[双(2-氯乙基)氨基]-2,4-(1*H*,3*H*)嘧啶二酮	尿嘧啶芳芥；嘧啶苯芥
175	杜廷	羟基马桑毒内酯；马桑苷
177	氯化二烯丙托锡弗林	
177	5-(氨基甲基)-3-异噁唑醇	3-羟基-5-氨基甲基异噁唑
178	二硫化二甲基	二甲二硫；二甲基化二硫
179	乙烯砜	二乙烯砜
180	*N*-3-[1-羟基-2-(甲氨基)乙基]苯基甲烷磺酰胺甲磺酸盐	酰胺福林甲烷磺酸盐
181	8-(二甲基氨基甲基)-7-甲氧基氨基-3-甲基黄酮	回苏灵；二甲弗林
182	三-(1-吖丙啶基)氧化膦	涕巴；绝育磷
183	*O*,*O*-二甲基-*O*-(1-甲基-2-*N*-甲基氨基甲酰)乙烯基磷酸酯(含量>25%)	久效磷；纽瓦克；永伏虫
184	*O*,*O*-二乙基-*O*-(4-硝基苯基)磷酸酯	对氧磷
185	*O*,*O*-二甲基-*O*-(4-硝基苯基)硫逐磷酸酯(含量>15%)	甲基对硫磷；甲基 1605
186	*O*-乙基-*O*-(4-硝基苯基)苯基硫代磷酸酯(含量>15%)	苯硫磷；一皮恩
187	*O*-甲基-*O*-(邻异丙氧基羰基苯基)硫代磷酰胺酯	水胺硫磷；羧胺磷
188	*O*-(3-氯-4-甲基-2-氧代-2*H*-1-苯并吡喃-7-基)-*O*,*O*-二乙基硫代磷酸酯(含量>30%)	蝇毒磷；蝇毒；蝇毒硫磷
189	*S*-(5-甲氧基-4-氧代-4*H*-吡喃-2-基甲基)-*O*,*O*-二甲基硫赶磷酸酯(含量>45%)	因毒磷；因毒硫磷
190	*O*-(4-溴-2,5-二氯苯基)-*O*-甲基苯基硫代磷酸酯	对溴磷；溴苯磷
191	*S*-[2-(乙基磺酰基)乙基]-*O*,*O*-二甲基硫代磷酸酯	磺吸磷；二氧吸磷
192	*O*,*O*-二甲基-*S*-[4-氧代-1,2,3-苯并三氮苯-3[4*H*]-基]甲基二硫代磷酸酯(含量>20%)	保棉磷；谷硫磷；谷赛昂；甲基谷硫磷
193	*S*-[(5-甲氧基-2-氧代-1,3,4-噻二唑-3(2*H*)-基)甲基]-*O*,*O*-二甲基二硫代磷酸酯(含量>40%)	杀扑磷；麦达西磷，甲噻硫磷

续表

序号	中文名称	
	化学名	别名
194	对(5-氨基-3-苯基-1*H*-1,2,4-三唑-1-基)-*N*,*N*,*N'*,*N'*-四甲基磷二酰胺(含量>20%)	威菌磷;三唑磷胺
195	二乙基-1,3-亚二硫戊环-2-基硫酰胺酯(含量>15%)	硫环磷;棉胺磷;棉环磷
196	*O*,*S*-二甲硫代磷酰胺	甲胺磷;杀螨隆;多灭磷;多灭灵;克螨隆;脱麦隆
197	*O*,*O*-二乙基-*S*-{(4-氧代-1,2,3-苯并三氮(杂)苯-3[4*H*]-基)甲基}二硫代磷酸酯(含量>25%)	益棉磷;乙基保棉磷;乙基谷硫磷
198	*O*-(4-氰苯基)-*O*-乙基苯基硫代磷酸酯	苯腈磷;苯腈硫磷
199	2-氯-3-(二乙氨基)-1-甲基-3-氧代-1-丙烯二甲基磷酸酯	磷胺;大灭虫
200	甲基-3-[(二甲氧基磷酰基)氧代]-2-丁烯酸酯(含量>5%)	速灭磷;磷君
201	双(1-甲基乙基)氟磷酸酯	丙氟磷;异丙氟;二异丙基氟磷酸酯
202	2-氯-1-(2,4-二氯苯基)乙烯基二乙基磷酸酯(含量>20%)	杀螟畏;毒虫畏
203	3-二甲氧基磷氧基-*N*,*N*-二甲基异丁烯酰胺(含量>25%)	百治磷;百特磷
204	*O*,*O*-二甲基-*O*-1,3-(二甲基氧甲酰基)丙烯-2-基磷酸酯	保米磷
205	四乙基焦磷酸酯	特普
206	*O*,*O*-二乙基-*O*-(4-硝基苯基)硫代磷酸酯(含量>4%)	对硫磷;1605;乙基对硫磷;一扫光
207	*O*-乙基-*O*-(2-异丙氧羰基)-苯基-*N*-异丙基硫逐磷酰胺	丙胺磷;异丙胺磷;乙基异柳磷;异柳磷2号
208	*O*-甲基-*O*-(2-异丙氧基羰基)苯基-*N*-异丙基硫逐磷酰胺	甲基异柳磷;异柳磷1号
209	*O*,*O*-二乙基-*O*-[2-(乙硫基)乙基]硫代磷酸酯和*O*,*O*-二乙基-*S*-[2-(乙硫基)乙基]硫代磷酸酯混剂(含量>3%)	内吸磷;杀虱多;1059
210	*O*,*O*-二乙基-*O*-[(4-甲基亚磺酰)苯基]硫代磷酸酯(含量>4%)	丰索磷;丰索硫磷;线虫磷
211	*O*,*O*-二甲基-*S*-[2(甲氨基)-2-氧代乙基]硫代磷酸酯(含量>40%)	氧乐果;氧化乐果;华果
212	*O*-乙基-*O*-2,4,5-三氯苯基乙基硫代磷酸酯(含量>30%)	毒壤磷;壤虫磷
213	*O*-[2,5-二氧-4-(甲硫基)苯基]-*O*,*O*-二乙基硫代磷酸酯	氯甲硫磷;西拉硫磷
214	*S*-{2-[(1-氰基-1-甲基乙基)氨基]-2-氧代乙基}-*O*,*O*-二乙基硫代磷酸酯	果虫磷;腈果
215	*O*,*O*-二乙基-*O*-吡嗪基硫代磷酸酯(含量>5%)	治线磷;治线灵;硫磷嗪;嗪线磷
216	*O*,*O*-二甲基-*O*-或S-[2-(甲硫基)乙]硫代磷酸酯	田乐磷
217	二甲基-4-(甲基硫代)苯基磷酸酯	甲硫磷;GC6505
218	*O*,*O*-二乙基-*S*-[(乙硫基)甲基]二流代磷酸酯(含量>2%)	甲拌磷;3911;西梅脱
219	*O*,*O*-二乙基-*S*-[2-(乙硫基)乙基]二硫代磷酸酯(含量>15%)	乙拌磷;敌死通

续表

序号	中文名称	
	化学名	别名
220	S-{[(4-氯苯基)硫代]甲基}-O,O-二乙基二硫代磷酸酯(含量>20%)	三硫磷；三赛昂
221	S-{[(1,1-二甲基乙基)硫代]甲基}-O,O-二乙基二硫代磷酸酯	特丁磷；特丁硫磷
222	O-乙基-S-苯基乙基二硫代磷酸酯(含量>6%)	地虫磷；地虫硫磷
223	O,O,O,O-四乙基-S,S′-亚甲基双(二硫代磷酸酯)(含量>25%)	乙硫磷；1240蚜螨立死；益赛昂；易赛昂；乙赛昂；蚜螨
224	S-氯甲基-O,O-二乙基二硫代磷酸酯(含量>15%)	氯甲磷；灭尔磷
225	S-(N-乙氧羰基-N-甲基氨基甲酰甲基)-O,O-二乙基二硫代磷酸酯(含量>30%)	灭蚜磷；灭蚜硫磷
226	二乙基(4-甲基-1,3-二硫戊环-2-亚氨基)磷酸酯(含量>5%)	地安磷；二噻磷
227	O,O-二乙基-S-(乙基亚砜基甲基)二硫代磷酸酯	保棉丰；甲拌磷亚砜；异亚砜；3911亚砜
228	O,O-二乙基-S-(N-异丙基氨基甲酰甲基)二硫代磷酸酯(含量>15%)	发果；亚果；乙基乐果
229	O,O-二乙基-S-[2-(乙基亚硫酰基)乙基]二硫代磷酸酯(含量>5%)	砜拌磷；乙拌磷亚砜
230	1,4-二噁烷-2,3-二基-S,S′-双(O,O-二乙基二硫代磷酸酯)(含量>40%)	敌杀磷；敌噁磷；噁硫磷
231	双(二甲氨基)氟代磷酰(含量>2%)	甲氟磷；四甲氟
232	二甲基-1,3-亚二硫戊环-2-基磷酰胺酯	甲基硫环磷
233	O,O-二乙基-N-(1,3-二噻丁环-2-亚基磷酰胺)	伐线丹；丁硫环磷
234	八甲基焦磷酰胺	八甲磷；希拉登
235	S-[2-氯-1-(1,3-二氢-1,3-二氧代-2H-异吲哚-2-基)乙基]-O,O-二乙基二硫代磷酸酯	氯亚磷；氯甲亚胺硫磷
236	O-乙基-O-(3-甲基-4-甲硫基)苯基-N-异丙氨基磷酸酯	苯线磷；灭线磷；力满库；苯胺磷；克线磷
237	O,O-二甲基对硝基苯基磷酸酯	甲基对氧磷
238	S-[2-(二乙氨基)乙基]-O,O-二乙基硫赶磷酸酯	胺吸磷；阿米吨
239	O,O-二乙基-O-(2-氟乙烯基)磷酸酯	敌敌磷；棉花宁
240	O,O-二乙基-O-(2,2-二氟-1-β-氯乙氧基乙烯基)磷酸酯	福太农；彼氧磷
241	O,O-二乙基-O-(4-甲基香豆素基-7)硫代磷酸酯	扑打杀；扑打散
242	S-[2-(乙基亚磺酰基)乙基]-O,O-二基甲硫代磷酸酯	砜吸磷；甲基内吸磷亚砜
243	O,O-二-4-氯苯基-N-亚氨逐乙酰基硫逐磷酰胺酯	毒鼠磷
244	O,O-二乙基-O-(6-二乙胺次甲基-2,4-二氯)苯基硫代磷酸酯盐酸盐	除鼠磷206

续表

序号	中文名称	
	化学名	别名
245	四磷酸六乙酯	乙基四磷酸酯
246	*O*,*O*-二甲基-*O*-(2,2-二氯)-乙烯基磷酸酯(含量>80%)	敌敌畏
247	*O*,*O*-二甲基-*O*-(3-甲基-4-硝基苯基)硫代磷酸酯(含量>10%)	杀螟硫磷;杀螟松;杀螟磷;速灭虫;速灭松;苏米松;苏米硫磷
248	*O*,*O*-二乙基-*O*-1-苯基-1,2,4-三唑-3-基硫代磷酸酯	三唑磷;三唑硫磷
249	*S*-2-乙基硫代乙基-*O*,*O*-二甲基二硫代磷酸酯	甲基乙拌磷;二甲硫吸磷;M-81,蚜克丁
250	*S*-α-乙氧基羰基苄基-*O*,*O*-二甲基二硫代磷酸酯	稻丰散;甲基乙酯磷
251	*O*,*O*-二甲基-*S*-[1,2-二(乙氧基羰基)乙基]二硫代磷酸酯	马拉硫磷;马拉松;马拉赛昂
252	*O*,*O*-二乙基-*S*-(对硝基苯基)硫代磷酸酯	硫代磷酸-*O*,*O*-二乙基-*S*-(4-硝基苯基)酯
253	3,3-二甲基-1-(甲硫基)-2-丁酮-*O*-(甲基氨基)碳酰肟	己酮肟威;敌克威;庚硫威;特氨叉威;久效威;肟吸威
254	4-二甲基氨基间甲苯基甲基氨基甲酸酯	灭害威
255	1-(甲硫基)亚乙基氨甲基氨基甲酸酯(含量>30%)	灭多威;灭多虫;灭索威;乙肟威
256	2,3-二氢-2,2-二甲基-7-苯并呋喃基-*N*-甲基氨基甲酸酯(含量>10%)	克百威;呋喃丹;卡巴呋喃;虫螨威
257	4-二甲氨基-3,5-二甲苯基-*N*-甲基氨基甲酸酯(含量>25%)	自克威;兹克威
258	3-二甲氨基亚甲基亚氨基苯基-*N*-甲氨基甲酸酯(或盐酸盐)(含量>40%)	伐虫脒;抗螨脒
259	2-氰乙基-*N*-{[(甲氨基)羰基]氧基}硫代乙烷亚胺	抗虫威;多防威
260	挂-3-氯桥-6-氰基-2-降冰片酮-*O*-(甲基氨基甲酰基)肟	肟杀威;棉果威
261	3-异丙基苯基-*N*-氨基甲酸甲酯	间异丙威;虫草灵;间位叶蝉散
262	*N*,*N*-二甲基-α-甲基氨基甲酰基氧代亚胺	杀线威;草肟威;甲氨叉威
263	2-二甲基氨基甲酰基-3-甲基-5-吡唑基*N*,*N*-二甲基氨基甲酸酯(含量>50%)	敌蝇威
264	*O*-(甲基氨基甲酰基)-2-甲基-2-甲硫基丙醛肟	涕灭威;丁醛肟威;涕灭克;铁灭克
265	4,4-二甲基-5-(甲基氨基甲酰氧亚氨基)戊腈	腈叉威;戊氰威
266	2,3-(异亚丙基二氧)苯基-*N*-甲基氨基甲酸酯(含量>65%)	恶虫威;苯恶威
267	1-异丙基-3,3-甲基-5-吡唑基-*N*,*N*-二甲基氨基甲酸酯(含量>20%)	异索威;异兰;异索兰
268	α-氰基-3-苯氧苄基-2,2,3,3-四甲基环丙烷羧酸酯(含量>20%)	甲氰菊酯;农螨丹;灭扫利
269	α-氰基苯氧苄基(1*R*,3*R*)-3-(2,2-二溴乙烯基)-2,2-二甲基环丙烷羧酸酯	溴氰菊酯;敌杀死;凯素灵;凯安宝;天马;骑士;金鹿;保棉丹;康素灵;增效百虫灵

续表

序号	中文名称	
	化学名	别名
270	β-[2-(3,5-二甲基-2-氧代环己基)-2-羟基乙基]戊二酰亚胺	放线菌酮；放线酮；农抗 101
271	2,4-二硝基-3-甲基-6-叔丁基苯基乙酸酯(含量＞80%)	地乐施；甲基特乐酯
272	2-(1,1-二甲基乙基)-4,6-二硝酚(含量＞50%)	特乐酚；二硝叔丁酚；异地乐酚；地乐硝酚
273	3-(1-甲基-2-四氰吡咯基)吡啶硫酸盐	硫酸化烟碱
274	2-(1-甲基丙基)-4,6-二硝酚(含量＞5%)	地乐酚；二硝(另)丁酚；二仲丁基-4,6-二硝基苯酚
275	4-二甲氨基苯重氮磺酸钠	敌磺钠；敌克松；对二甲基氨基苯重氮磺酸钠；地爽；地可松
276	2,4,6-三亚乙基氨基-1,3,5-三嗪	三亚乙基蜜胺；不膏津
277	二硫代焦磷酸四乙酯	治螟磷；硫特普；触杀灵；苏化 203；治螟灵
278	硫酸(二)甲酯	硫酸甲酯
279	6,7,8,9,10,10-六氯-1,5,5a,6,9,9a-六氢-6,9-亚甲基-2,4,3-苯丙二氧硫庚-3-氧化物(含量＞80%)	硫丹；1,2,3,4,7,7-六氯双环[2,2,1]庚烯-(2)-双羟甲基-5,6-亚硫酸酯
280	乙酸苯汞	赛力散；裕米农；龙汞
281	氯化乙基汞	西力生
282	磷酸二乙基汞	谷乐生；谷仁乐生；乌斯普龙汞制剂
283	乳酸苯汞三乙醇铵	
284	氰胍甲汞	氰甲汞胍
285	氟乙酸胺	敌蚜胺；氟素儿
286	2-氟乙酰苯胺	灭蚜胺
287	氟乙酸-2-苯酰肼	法尼林
288	二氯四氟丙酮	对称二氯四氟丙酮；敌锈酮；1,3-二氯-1,1,3,3-四氟-2-丙酮
289	三苯基羟基锡(含量＞20%)	毒菌锡
290	1,2,3,4,10,10-六氯-1,4,4a,5,8,8a-六氢-1,4:5,8-桥,挂二亚甲基萘(含量＞75%)	艾氏剂；化合物－118；六氯六氢二亚甲基萘
291	1,2,3,4,10,10-六氯-1,4,4a,5,8,8a-六氢-1,4-挂-5,8-挂二亚甲基萘(含量＞10%)	异艾氏剂
292	1,2,3,4,10,10-六氯-6,7-环氧-1,4,4a,5,6,7,8,8a-八氢-1,4-挂-5,8-二亚甲基萘	狄氏剂；化合物-497
293	1,2,3,4,10,10-六氯-6,7-环氧-1,4,4a,5,6,7,8,8a-八氢-1,4-挂-5,8-二亚甲基萘(含量＞5%)	异狄氏剂
294	1,3,4,5,6,7,8,8-八氯-1,3,3a,4,7,7a-六氢-4,7-亚甲基异苯并呋喃(含量＞1%)	碳氯灵；八氯六氢亚甲基异苯并呋喃；碳氯特灵
295	1,4,5,6,7,8,8-七氯-3a,4,7,7a-四氢-4,7-亚甲基-*H*-茚(含量 > 8%)	七氯；七氯化茚
296	五氯苯酚(含量＞5%)	五氯酚
297	五氯酚钠	
298	八氯莰烯(含量＞3%)	毒杀芬；氯化莰
299	3-(α-乙酰甲基糠基)-4-羟基香豆素(含量＞80%)	克灭鼠；呋杀鼠灵；克杀鼠

续表

序号	中文名称	
	化学名	别名
300	3-(1-丙酮基苄基)-4-羟基香豆素(含量>2%)	杀鼠灵;华法灵;灭鼠灵
301	4-羟基-3-(1,2,3,4-四氢-1-萘基)香豆素	杀鼠迷;立克命
302	3-[3-(4′-溴联苯-4-基)-1,2,3,4-四氢-1-萘基]-4-羟基香豆素	溴联苯杀鼠迷;大隆杀鼠剂;大隆;溴敌拿鼠;溴鼠隆
303	3-(3-对二苯基-1,2,3,4-四氢萘基-1-基)-4-羟基-2*H*-1-苯并吡喃-2-酮	敌拿鼠;鼠得克;联苯杀鼠奈
304	3-吡啶甲基-*N*-(对硝基苯基)-氨基甲酸酯	灭鼠安
305	2-(2,2-二苯基乙酰基)-1,3-茚满二酮(含量>2%)	敌鼠;野鼠净
306	2-[2-(4-氯苯基)-2-苯基乙酰基]茚满-1,3-二酮(含量>4%)	氯鼠酮;氯敌鼠
307	3,4-二氯苯偶氮硫代氨基甲酰胺	普罗米特;灭鼠丹;扑灭鼠
308	1-(3-吡啶基甲基)-3-(4-硝基苯基)脲	灭鼠优;抗鼠灵,抗鼠灭
309	1-萘基硫脲	安妥;α-萘基硫脲
310	2,6-二噻-1,3,5,7-四氮三环-[3,3,1,1,3,7]-癸烷-2,2,6,6-四氧化物	没鼠命;毒鼠强;四二四
311	2-氯-4-二甲氨基-6-甲基嘧啶(含量>2%)	鼠立死;杀鼠嘧啶
312	5-(α-羟基-α-2-吡啶基苯基)-7-(α-2-吡啶基亚苄基)-5-降冰片烯-2,3-二甲酰亚胺	鼠特灵;鼠克星;灭鼠宁
313	1-氯-3-氟-2-丙醇与1,3-二氟-2-丙醇的混合物	鼠甘伏;鼠甘氟;甘氟;甘伏;伏鼠醇
314	4-羟基-3-{1,2,3,4-四氢-3-[4-((4-(三氟甲基))苯基)-1-萘基]}-2*H*-苯并吡喃-2-酮	杀它仗
315	3-[3,4′-溴-(1,1′-联苯)-4-基]-3-羟基-1-苯丙基-4-羟基-2*H*-1-苯并呋喃-2-酮	溴敌隆;乐万通
316	海葱糖苷	红海葱苷
317	地高辛	地戈辛; 毛地黄叶毒苷
318	花青苷	矢车菊苷
319	甲藻毒素(二盐酸盐)	石房蛤毒素(盐酸盐)
320	放线菌素D	
321	放线菌素	
322	甲基狄戈辛	
323	赭曲毒素	棕曲霉毒素
324	赭曲毒素A	棕曲霉毒素A
325	左旋溶肉瘤素	左旋苯丙氨酸氮芥;米尔法兰
326	抗霉素A	
327	木防己苦毒素	苦毒浆果[木防己属]
328	镰刀菌酮X	
329	丝裂霉素C	自力霉素

附注：

化学品具有易燃、易爆、有毒、有腐蚀性等特性，会对人（包括生物）、设备、环境造成伤害和侵害的化学品叫危险化学品。

危险化学品的定义

危险化学品系指有爆炸、易燃、毒害、腐蚀、放射性等性质，在运输、装卸和储存保管过程中，易造成人身伤亡和财产损毁而需要特别防护的物品。

其特征是：

（1）具有爆炸性、易燃、毒害、腐蚀、放射性等性质；

（2）在生产、运输、使用、储存和回收过程中易造成人员伤亡和财产损毁；

（3）需要特别防护的。

一般认为，只要同时满足了以上三个特征，即为危险品。

如果此类危险品为化学品，那么它就是危险化学品。

危险化学品在不同的场合，叫法或者说称呼是不一样的，如在生产、经营、使用场所统称化工产品，一般不单称危险化学品。在运输过程中，包括铁路运输、公路运输、水上运输、航空运输都称为危险货物。在储存环节，一般又称为危险物品或危险品，当然作为危险货物、危险物品，除危险化学品外，还包括一些其他货物或物品。在国家的法律法规中称呼也不一样，如在“中华人民共和国安全生产法”中称“危险物品”，在“危险化学品安全管理条例”中称“危险化学品”。

附录4　杜邦安全管理十大基本理论

一是，所有的安全事故是可以防止（预防）的。

从高层到基层，都要有这样的信念，采取一切可能的办法防止、控制事故的发生。

二是，各级管理层对各自的安全直接负责。

因为安全包括公司各个层面、每个角落、每位员工点点滴滴的事，只有公司高层管理层对所管辖的范围安全负责，下属对各自范围安全负责，到车间主任对车间的安全负责，到生产组长对管辖的范围安全负责，直到小组长对员工的安全负责，涉及的每个层面、每个角落安全都有人负责，这个公司的安全才能真正有人负责。安全部门不管有多强，人员都是有限的，不可能深入到每个角落、每个地方24小时监督，所以安全必须是从高层到各级管理层到每位员工自身的责任，安全部门从技术上提供强有力的支持。只有每位员工对自己负责，每位员工是每个单位元素，企业由员工组成，每个员工、组长对安全负责，安全才有人负责，最后总裁有信心说我对企业安全负责，否则总裁、高级管理层对底下安全哪里出问题都不知道。这就是直接负责制，是员工对各自领域安全负责，是相当重要的一个理念。

三是，所有安全操作隐患是可以控制的。

在安全生产过程中所有的隐患都要有计划，有投入，有计划的治理，有控制。

四是，安全是被雇佣的员工条件。

在员工与杜邦的合同中明确写着，只要违反安全操作规程，随时可以被解雇。每位员工参加工作的第一天就意识到这家公司是讲安全的，从法律上讲只要违反公司安全规程就可能被解雇，这是把安全与人事管理结合起来。

五是，员工必须接受严格的安全培训。

让员工安全，要求员工安全操作，就要进行严格的安全培训，要想尽可能的办法，对所有操作进行安全培训。要求安全部门与生产部门合作，知道这个部门要进行哪些安全培训。

六是，各级主管必须进行安全检查。

这个检查是正面的、鼓励性的，以收集数据、了解信息，然后发现问题、解决问题为主。如发现一个员工的不安全行为，不是批评，先分析好的方面在哪里，然后通过交谈，了解这个员工为什么这么做，还要分析领导有什么责任。这样做的目的是拉近距离，让员工谈出内心的想法，为什么会有这么不安全的动作，知道真正的原因在哪里，是这个员工不按操作规程做，安全意识不强，还是上级管理不够、重视不够。这样，拉近管理层与员工的距离，鼓励员工通过各种途径把对安全的想法反映到高层管理来，只有知道了底下的不安全行为、因素，才能对整个企业安全管理提出规划、整改。如果不了解这些信息，抓安全是没有针对性的，不知道要抓什么。当然安全部门也要抓安全，重点是检查下属、同级管理人员有没有抓安全，效果如何，对这些人员的管理进行评估，让高级管理人员知道这个人在这个岗位上安全重视程度怎么样，为管理提供信息。这是两个不同层次的检查。

七是，发现安全隐患必须及时更正。

在安全检查中会发现许多隐患，要分析隐患发生的原因是什么，哪些是可以当场解决的，哪些是需要不同层次管理人员解决的，哪些是需要投入力量来解决的。重要的是必须把发现的隐患加以整理、分类，知道这个部门主要的安全隐患是哪些，解决需要多少时间，不解决会造成多大风险，哪些需要立即加以解决，哪些是需要加以投入的。安全管理真正落到了实处，就有了目标。这是发现的安全隐患必须及时更正的真正含义。

八是，工作外的安全和工作安全同样重要。

员工在工作时间外受伤对安全的影响，与在工作时间内受伤对安全的影响实质上没有区别，因此对员工的教育就变成了 7 天 24 小时的要求。例如可以进行各种安全教育，旅游如何注意安全，运动如何注意安全，用煤气如何注意安全等。

九是，良好的安全就是一门好的生。

这是一种战略思想。如何看待安全投入，如果把安全投入放到对业务发展投入同样重要的位置考虑，就不会说这是成本，而是生意。这在理论上是一个概念，在实际上也是很重要的。抓好安全是帮助企业发展，有个良好环境、条件，实施企业发展目标。否则，企业每时每刻都在高风险下运作。

十是，员工的直接参与是关键。

没有员工的参与，安全是空想，因为安全是每一位员工的事，没有每位员工的参与，公司的安全就不能落到实处。